DK
园艺设计
全书

家居户外空间设计方案

Inspiring everyone to grow

DK
园艺设计
全书

家居户外空间设计方案

[英] 亚当·弗罗斯特 著　王晨 译

华中科技大学出版社
http://www.hustp.com

有书至美
BOOK & BEAUTY

中国·武汉

目录 CONTENTS

建造

享受

准备开始 GETTING STARTED

我喜欢花园帮助我们和大自然、季节以及更广阔的景观联结在一起。无论你拥有的是城市里的一块微型绿洲还是乡村的半公顷土地，一座经过精心设计的花园对身心都有好处。

设计自己的花园，这个念头让很多人望而却步。面对着繁杂的信息，它似乎是一项真正的挑战。然而实际上，和其他种类的设计相比，花园设计并没有那么不同。

我们大多数人都能开动脑筋，把房子变成家，他们选择颜色，购买家具，并且安排一切好让它符合实际需求并使自己感到舒适，花园设计也同此理。

在我看来，一座设计良好的花园从根本上说关乎四件事：空间、人、植物以及地域感。

优秀花园设计的第一步是理解你将要改造的空间。我是指这个空间的大小、土壤、气候和地形。

第二，你需要理解的最重要的一点是，花园是关于人的，而创造优秀花园的关键是专注于你想从中获得什么和需要什么。和家一样，花园应该反映你的个性。

第三，考虑植物。很多人非常惧怕植物方面的问题，比如拉丁学名，而且总是担忧要是某个植物在3月的最后一个星期三没有修剪，整个世界都要完蛋了这样的事情。实际上，了解植物如同旅行可以贯穿你的一生，你真的不需要知道很多知识才能开始。

最后，如果能够和居住的地方产生某种连接，无论是通过种植特定的植物还是使用当地建筑材料，你都会收获更强烈的地域感。在我的设计过程中，记忆是非常重要的部分，不只是回顾记忆，而且还要看看我们如何为自己创造记忆。

花园应该是一个舒适、有用的空间，并反映你的需求和品位。俯瞰花园，其布局最简单的形态只是一系列形状；如何平衡这些形状将会影响你如何使用自己的花园和你的花园给人的感觉。

在本书里，我将向你展示如何开发自己的花园风格，以及如何为自己的花园选择合适的植物。我将教你种植设计的关键原则，如何理解植物在自然界中的分层方式，以及如何在你自己的种植中模仿这一点。我将向你展示一些简单的建筑技术，并为你提供每月建议和提醒，帮助你年复一年地保持花园的美丽。只要拥有一些洞察力并按照一套循序渐进的方法，我认为任何人都可以学会如何创造一座外观体面、设计良好的花园。

我想让这本书被翻皱，变得潮乎乎的，甚至沾上一点儿泥巴！它有望成为一个朋友，在创造一个对你而言十分特别的空间时握住你的手。记住，创造一座花园并不在于追逐完美，而是在于享受这段旅程和沿途给你惊喜的那些小瞬间。我真的相信，如果你关心自己的花园，你就会创造出一个自己想置身其中的美丽场所。

玩得开心！

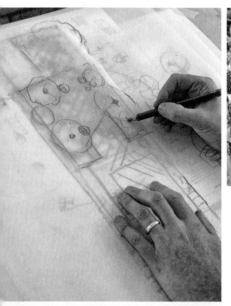

理解你的空间

人本化设计

找到你的风格

选择你的植物

整合所有部分

设计DESIGN

设计

理解你的空间

"出色的花园全在于情绪和它们带给你的感受。"

引言

设计过程的第一个阶段其实全在于信息搜集，这个过程帮助你理解自己的空间以及你想要从中获得什么。一开始就确定这一点将确保设计能够在你拥有的空间里真正实现，并且满足你的需求。

你可以用两种方式理解你的空间：一种是实体属性——大小、形状、平均降雨量、土壤等。另一种是情绪属性——它带给你怎样的感受。

要想理解花园对你产生的情绪效应，没有什么会比在一天或一年的不同时候花点时间待在里面更有用了，而每个人的体验都是个人化的，所以花园设计需要反映这一点。探索你的空间，找到你本能地想要慢悠悠地品茶流连的地方。考虑从房子里和周围看到的景色。

我将向你展示如何测量花园（这并不像听上去那么令人生畏），以及如何勘察土壤、降雨和气温，好让你知道自己面临的现实条件。然后我会问你很多问题，帮助你确定想要的东西。这一切都将确保你设计的花园完美满足需求。

"所有这些实情调查都将确保
花园设计获得最好的结果。"

认识你的空间

当你准备好设计自己的空间时，彻底抹掉一切，然后从一张白纸开始动手是个极具诱惑力的选择，但是先不要急于做任何类似的事情。首先，你需要观察花园现在的样子，从而感知它的潜力。

❶ 观察并学习

在还没考虑进行任何改变之前，先在你的花园里花点时间真正理解这片空间。记录花园在一天不同时候的样子。定期重复这个过程至少几个月。如果你做得到，不妨坚持一整年。这会让你清楚地知道花园是如何在四季中变化的。

研究你的花园，除了在外面，还要在房子里看。

❷ 感受景色

从各个角度观看你的花园，包括从房子楼上楼下的窗户里面观看。在冬天和早春的寒冷天气让你更频繁地躲在室内时，这些景色将形成你与花园最强烈的联系。开始考虑喜欢并且想强调的景色，以及那些希望隐藏起来的景色（参见第32—33页）。

每个季节都能为一座花园带来鲜明的颜色和趣味。

❸ 要有光

观察一天之内的光和影如何在花园里变化移动（参见第21页）。这将有助于决定各种类型的植物种植在哪里，以及早晨和傍晚最理想的座位设置在哪里。

阴影地块可以开发利用，捕捉斑驳的阳光。

让本能引导你来到感觉自然而然被吸引的地方。当你停下脚步开始沉思时，留意可能出现的任何情绪反应。

❻ 跟着感觉走

你的记录不应该只有坚硬的事实和数字。当你停留在这片空间内，可能会注意到待在某些区域就是比在其他区域舒服。有的地方会让你感到安全和放松，而在其他地方，可能会有被俯视的感觉，感到浑身不自在。而且当你从房子里走出来时，一座花园——即使是空无一物的花园——总会让人感到不同。记下这样的情绪反应，并在以后将它们构建到你的设计中。

❺ 表面之下的东西

值得等待一些时日，看看有什么已经生长在花园里，每个季节都可能出现一些隐藏的珍宝。你也许想把那些不是很喜欢的现存植物挖出来，但是要记住它们可能花了许多年才长成现在这样，而且能够在你的花园里形成强有力的主干，赋予它真正的结构。最后，如果保留现存植物，还能省钱——即使你移动、修剪或改造它们。

注意鸟鸣和花园里其他有氛围的声音。

❹ 倾听

我们很容易习惯身边的声音，以至于不再真正听到它们。然而在设计你的花园时，声音真的很重要，无论它们是增强了氛围还是需要被抑制。在你认识自己的空间时，花些时间真正倾听周围的环境。

球根植物就像小巧玲珑的宝石，它们出现时会为花园增添一层全新的趣味。

画出你的空间

下一步是测量你的花园并画出它的大小、形状和布局，包括现存元素、所有坡度以及阳光的照射位置。花园很少会是我们认为的形状，所以必须画一张详细的平面图。这并不难，而且绝对会在整个设计过程中为你提供帮助。

你需要

- 速写本
- 铅笔
- 30米卷尺
- 直尺
- 指南针
- 绳索和系索栓

如果你想亲自设计自己的花园，拥有一张准确的比例尺平面图至关重要。（你不必将东西都保留在它们目前所处的位置，但是有必要掌握花园里已经有什么东西以及它们将如何影响设计和预算。）然而，制作一张不按比例的大平面图是没有意义的，因为当你开始建造它时，设计和比例将无法配合，也不可能订购数量正确的材料。因此画一张准确的图将为你节省金钱和时间，免去种种不便。还要牢记的是，和

测量一处基础空间

按照下列简单步骤，使用名为三角测量和支距测量的方法可以准确地画出你的空间。先画一张草图，用它记录所有测量结果，然后将它们转移到图纸上，制作准确的比例尺平面图（参见第18—19页）。如果你的花园建成已久，里面有很多植物或构造令边界难以触及，那你可能会发现在网上查看俯视图会很有帮助。离房子越远，获得准确的测量结果就越不那么重要，在靠近房子的地方，准确的测量是关键。

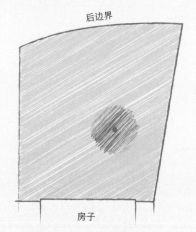

1 首先，用你的铅笔和纸大致画出花园的基本元素：房子，边界线，以及任何固定物体，例如乔木、建筑、构造和井盖。

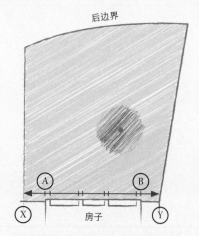

2 测量从X点贯穿地块至Y点的连线长度。继续测量，标记房子、窗户和门的位置。房子的两个端点是你的固定点A和B。如果房子背部不是直线也不用担心；你只需要两个角提供固定点。

测量房子背部，在你的平面图上标记窗户和门口的位置。

建成之后改动一座露台或者小路相比，在纸上改动你的平面图容易得多，也便宜得多。大多数边界并不是整整齐齐，与房子水平或垂直的，它们常常有弯折、曲线或者被障碍物例如乔木或构造打断，给测量带来困难。但是不用担心。你可以使用一些基本技术——例如三角测量和支距测量——测量各种形状并将花园里的固定特征绘制在你的比例尺平面图上。

"花园很少会是我们认为的形状，所以必须画一张详细的平面图。这并不难，而且绝对会在整个设计过程中为你提供帮助。"

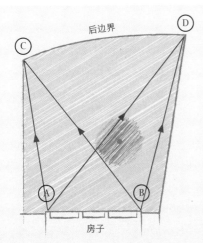

3 现在使用三角测量法，让你在绘制比例尺平面图时可以准确地找到花园两角的位置。分别测量从固定点A和B到边界左上角（C）的距离。对边界右上角（D）重复这一过程。在你的速写本上记下所有测量结果。

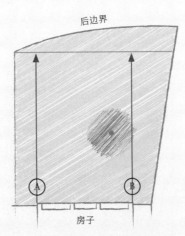

4 如果你的花园有部分边界是弯曲的，可以使用支距测量法准确地确定这条曲线。首先，以A和B为起点，拉出两条长度相等、与房子垂直的线。用系索栓拉出一条和它们垂直的线，于是这条线与房子平行。

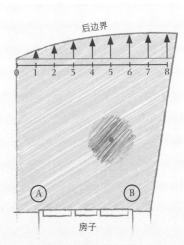

5 沿着用系索栓拉出的这条线，每隔固定间距测量这条线与弯曲边界的垂直距离，从而绘制出这条曲线。在速写本上记录这些测量结果以及间距的长度。

测量固定物体

要想在花园比例尺平面图上准确地标记固定物体，如一棵乔木或者一间棚屋的位置，你需要进行两次测量，分别测量固定点（A和B）到希望标记的那个点的距离。

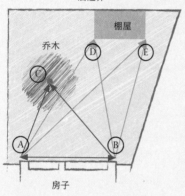

在你的平面图上记下A到B的距离。现在测量A到固定物体例如这棵乔木（C）的距离，然后记下来。然后测量B到C的距离，再记下来。对于其他固定点重复这个过程，例如棚屋的角（D和E）。将这些测量结果转移到你的比例尺平面图上，就能准确地标记固定物体的位置。

测量复杂的空间

如果你拥有一个形状比较复杂的花园，比如有一条明显的曲线，那么三角测量法尤其有用。最重要的是，要有两个用作测量起点的固定点。如果想测量得更准确，你可以在房子上选择数个固定点作为测量起点。你在这条曲线上测定的点越多，画出来的曲线就越准确。如果你有一个很大或者形状很复杂的花园，值得进行专业测绘，长期来看这样可以节省时间和金钱。

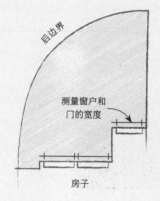

1 画一张草图，包括面向花园的房子墙壁和弯曲的边界。测量并标记窗户和门的大小以及位置。

绘制比例尺平面图

当你得到了所有测量结果，就可以将它们转移到纸上，绘制一张精确的比例尺平面图。首先，确定多大的比例尺最适合你的花园。大多数普通尺寸的花园在设计时使用1∶50（尺子上的2厘米等于平面图上的1米）或1∶10（尺子上的1厘米等于平面图上的1分米）。如果你的花园有点大，你也许会想用1∶100（1厘米代表1米）的比例尺。在你的草图上用最长的测量数据确定最合适的比例尺。使用带比例的尺子或普通的厘米尺，按照下列步骤将测量结果转移到纸上。将描图纸覆盖在完成的比例尺平面图上，在上面绘制设计草图。当你后来需要确定材料数量时，比例尺平面图也非常有用。

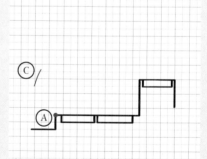

1 将房子、窗户和门的测量结果转移到纸上。用尺子将圆规设定为从点A到边界上第一个点（C）的比例尺换算距离。例如，如果测量结果是5米，而你用的比例尺是1∶50，那么你就将圆规的距离设为10厘米。将圆规尖固定在点A，然后在点C的大致位置画一小段弧线。

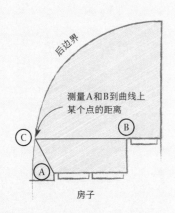

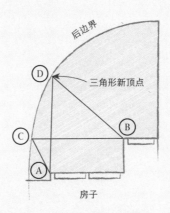

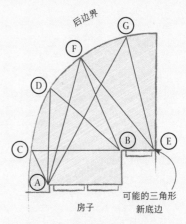

2 在房子上选择两个固定点A和B作为三角形的底边。测量它们之间的距离，然后测量A到曲线上的一点（C）的距离，然后测量B到C的距离。

3 现在使用另一个三角，测量A和B到曲线上另一个点（D）的距离。继续用三角法测量曲线上的其他点。

4 如果需要的话，还可以用新的固定点（A和E）进行几次三角测量。测量的次数越多，你的比例尺平面图就越准确。

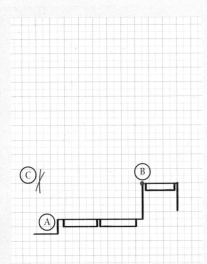

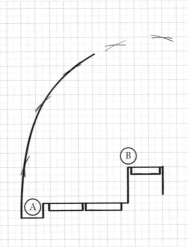

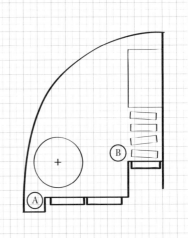

2 重新将圆规设定为点B到点C的距离。将圆规尖固定在点B，然后画一小段弧线并令其与第一段弧线相交。这两段弧线的交点就是C的准确位置。

3 对于你在边界上测量的所有点，都重复这一过程。然后将这些点连接起来，在你的平面图上画出一条精确的边界线。

4 使用同样的方法画出花园中其他物体的位置，例如角落或者已有的乔木或棚屋，得到现场的比例尺平面图。

简单的斜坡

高度的变化可以为花园增添趣味，但也会让情况变得复杂。它们会对你的设计布局以及使用的材料产生影响。如果斜坡简单而且比较小，则很容易确定高度变化。

你需要

- 卷尺
- 锤子和木桩
- 长度略超过1米的木板
- 水平仪

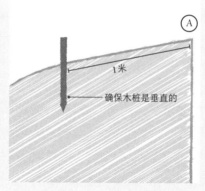

1 从斜坡顶端（A）向下量1米的长度。用锤子将木桩砸进地面，并用水平仪确保木桩是垂直的。

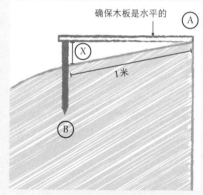

2 将木板放倒在点A和木桩上，并用水平仪确保它是水平的。按照需要继续将木桩钉进地面，直到木板完全水平。测量木桩的高度（X）。

复杂的斜坡

对于更复杂的高度变化，我建议使用一些设备，例如带测量杆的激光水准仪，它可以让你得到花园各处的准确读数。别慌，它用起来很简单。设备的使用方法可能根据型号有所不同，所以一定要阅读附带的说明书。

最重要的一点是，要将激光水准仪放置在一个固定的点上，以这一点为基准进行测量和读数。从你开始采集信息到花园完成建设的整个过程中，这一点都不能移动（像排水盖这样的设施是最理想的）。

接下来，测量将会在你的设计里保留下来的固定元素的高度，例如一棵乔木、一间棚屋，或者一面墙壁的顶端。然后，如果觉得仍然需要知道更多高度才能理解这个空间，我会在花园各处的不同地方钉进一系列木桩。

使用三角测量法（参见第16—17页）测量并记录这些木桩与两个固定点的距离，将它们添加到你的平面图上。然后用测量杆和激光水准仪读取每根木桩底部（它与地面接触的部位）的高度读数。将这些测量数据转移到你的比例尺平面图上。

使用激光水准仪和安装有激光探测器的测量杆进行准确的测量。

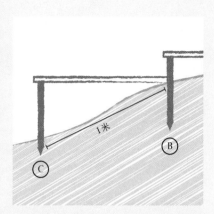

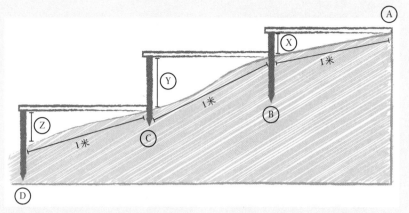

3 用锤子在斜坡下方1米处（C）砸进另一根木桩。确保它是垂直的。将木板放倒在第一根木桩底部和第二根木桩顶部上。用水平仪确保木板是水平的。按照需要继续向下钉木桩。

4 测量第二根木桩的高度（Y）。以1米的间距沿着斜坡向下重复这个步骤，一直到斜坡底部。

5 计算斜坡的高差时，将所有木桩的高度加在一起。斜坡的坡度是高差和你测量的斜坡长度的比。在这里，坡度是X、Y与Z的和除以3米。

找到阳光充足的地点

花园的朝向将决定它在一天当中的不同时候和一年当中的不同时期得到多少光照和多少荫凉。这个至关重要的信息将决定最暖和的座位区、最佳的造景工程材料，以及你可以种植的植物类型，因为不同植物喜欢不同水平的光照和热量。

要在平面图上画出花园的朝向，先用指南针找到北方，再将这个方向标记在你的平面图上。然后标记出太阳的运行轨迹，并在平面图上标注背阴处和阳光充足的地方。

你的平面图清单

确保你将所有重要的固定元素放在平面图上：

● 确定将会保留的固定元素，例如棚屋、温室和露台。

● 你想保留的乔木、灌木、绿篱，以及营造好的花坛和花境。

● 高差和挡土墙。

● 所有好的和坏的景色，不只是从花园里看到的，还包括从房子里看到的。

● 背阴和阳光充足的地点。

● 会对你的空间造成影响的邻居家的乔木。

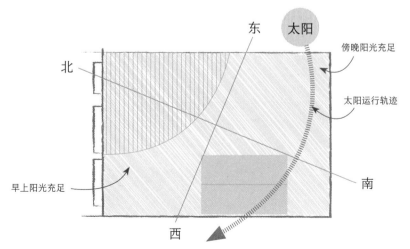

营造空间

这个现代风格的花园被设计成可以容纳数量相对较多的一群人进行社交和园艺活动的空间。植物的选择搭配与造园材料形成和谐的效果，拱形结构和指引你徐徐穿过这个空间的雪松木小径的曲线互相呼应。

水和墙壁不只是创造了漂亮的镜面，还会让你在穿过这个空间时驻足流连。在夏天，水池会吸引你将脚伸进水里或者涉水而行。

鲜明的植物形态遍布这个空间，创造出韵律感并帮助引导视线。我还在绿篱中使用了相同的植物，加强这个花园的整体感。

我将彼此协调的材料用在表面和建筑上。以这种方式使用木材和混凝土为这座花园带来了连续性。

认识你的土壤

在花园里，土壤是最重要的一件事，然而你很容易将它视作理所当然。你需要对它进行检测，确定花园各处的土壤有何不同，因为土壤类型决定了你可以种植的植物种类的范围。幸运的是，这很简单。

当我在教学的时候，我总是惊讶于检测自己花园土壤的人竟如此之少。然而我们都一致认为，土壤对于我们的花园至关重要，因为它决定了你可以种植的植物种类的范围，以及它们的种植可以有多成功。通过将手插入土壤感受质地，以及观察颜色和成分，可以大致确定你的土壤是什么类型。知晓土壤的pH值可以让你选择适宜的植物种类，所以我建议购买一套简易土壤检测工具盒（参见第26页）。在园艺中心或苗圃可以买到，不贵，而且使用简单。另一件需要牢记的事情是，土壤越健康，植物抵御病虫害的能力就越强。但是如果你的土壤状况并不理想，也不需要担心。一旦你知道自己的土壤是什么类型，就能用很多方法改良它（参见第27页）。

什么是土壤？

抓起一把健康的土壤，你就得到了一个生机勃勃的世界。它是有机质、矿物质、水和气体的混合物，还有数千只昆虫、蠕虫和微生物。土壤基本上分为表层土和下层土（见右图）。虽然土壤类型取决于居住地的地质情况，但你的花园常常不会只有一种土壤类型。表层土是你需要关心的，可以分成六个主要类型。其中淤泥和泥炭极少出现在花园里，但是你的花园应该会有另外四种类型中的一种或更多种（见右页）。

表层土是最接近地表的一层泥土。它富含有机质和各种生命，表层土厚薄不一，但厚度通常为5～12厘米。

下层土是表层土之下的一层泥土。它没有生命，因此对园丁没有多大用处。

评估你的土壤

　　最快的花园土壤评估方法是将它握在手中感受, 依靠你的感觉判断这是什么类型的土壤。花园不同地方的土壤类型可能不同, 所以需要在不同地点取出土壤感受, 得到全面的信息。这种检测方法非常容易, 而且不花一分钱。

2 用食指和大拇指揉搓土壤。它感觉像黏土么? 或者是沙质的么, 充满沙砾或石头么?

1 从地表不超过10厘米深的部位抓起一把土壤。感受土壤的质地, 观看其成分和颜色。对比这把土壤和下面描述的土壤类型。

3 将土壤在拳头中握紧, 查看它含有多少水分。当你再次张开手指时, 土壤会像黏土一样保持形状, 还是像沙子一样从你的手指间滑落?

沙质土养分含量低, 常常呈酸性(参见第26页)。沙质土颜色浅, 容易挖掘, 在夏天升温速度快, 但容易干燥。

壤土是黏土和沙质土的结合。它没有构成它的两种土壤类型的缺点, 而且非常容易使用。

黏土富含养分, 但是沉重, 不易挖掘。它保水性强, 排水缓慢, 在春天需要很长时间才能回暖。在炎热的天气, 黏土可能会变得很烫。

白垩土或石灰质土的碱性很强(参见第26页), 质地可轻可重。这种类型的土壤常常充斥着石头且养分贫乏, 排水顺畅而且升温很快。

检测你的土壤

除了确定你拥有的土壤类型（参见第25页），还应该弄清楚它的pH值（酸性、中性或碱性，见右图）。你只需要在园艺中心买一个基础款土壤测试工具盒，而且可以在一年的任何时候进行检测。花园不同地点的土壤类型可能有差异，所以在多个地点进行检测会得到更准确和全面的结果。对于普通大小的郊区花园，我建议在三个至六个不同地点进行检测。花园越大，你检测的区域就应该越大。许多植物在弱酸和弱碱条件下都能生长，但pH值越极端，你可选择的植物种类就越受限制。一旦知道土壤的pH值，你就可以开始研究哪些植物会在这个类型的土壤中良好生长。

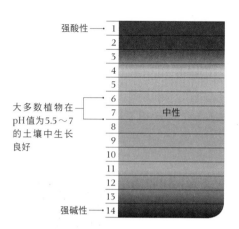

强酸性 —— 1
2
3
4
5
6
大多数植物在
pH值为5.5～7 7 中性
的土壤中生长 8
良好
9
10
11
12
13
强碱性 —— 14

设计 DESIGN · 建造 BUILD · 享受 ENJOY

你需要

- 小铲子
- 花盆或小塑料袋
- 标签
- 土壤检测工具盒

1 每次检测时，向下挖10厘米，避开任何可能干扰结果的地表物质。取样并将其放入塑料袋或花盆，标记取样地点。

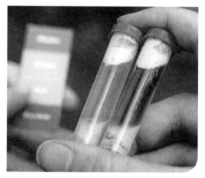

2 按照工具盒上的使用说明检测样本并解读结果的意义。然后记录你的发现。

根据你的土壤进行种植

有些植物在酸性条件下长得更好，而另一些植物更喜欢碱性土壤。健康土壤的pH值范围通常是5～8.5，虽然可以人为改变土壤的pH值，但我不会这样做。在开展园艺活动时，因地制宜总是更好的做法。如果你喜欢某种植物，但它却不喜欢你的土壤，你总是可以将它种在装有合适土壤的花盆或花台上。园艺中心出售适合喜酸植物的杜鹃花型基质以及适合其他植物的多用途基质。

酸性

杜鹃花需要弱酸性土壤。

山茶需要弱酸性至中性土壤。

改良你的土壤

对于土壤，你能做的重要的事情之一是增添有机质。每年增添一层基质，你将收获这样做带来的好处。将自制堆肥、腐熟粪肥、腐叶土或蘑菇基质等有机质混入土壤会提高土壤的养分含量，这意味着你不必花钱去买土壤肥料。作为一项额外福利，一层良好的有机质还能帮助维持水分。如果土壤检测显示你拥有的基本上是黏土或沙质土（参见第25页），那么混入有机质将改良土壤的结构，让它更容易使用，并促进植物健康生长。蠕虫和土壤微生物吸收有机质，而且雨水等天气因素也会造成它的逐渐流失，所以你需要每12个月增添一次有机质。如果你的土壤排水不畅，混入不含石灰的沙砾可以显著改善这一点。

还要留意什么

- 客土常常出现在新的建筑项目中，表层土被完全剥离，并用该地区之外的其他土壤代替。想要知道你的土壤是不是客土，可以看看花园里生长的植物种类，再看看邻居或者野外土壤生长的植物种类，对比一下就能知道结论。

- 重型机械造成的压实会将土壤压扁，减少水、氧气、养分和排水的空间。用旋耕机耕地能够为土壤增加孔隙度，重新打开土壤的结构。

- 植物生长不良或者不生长的区域可能说明该区域的土壤缺乏营养，需要增加镁、氮或钾的含量。

- 茁壮生长的成片荨麻是个好迹象。它们的存在表明土壤富含氮，一种很容易丢失的营养。土壤中的氮促进植物长出繁茂的翠绿叶片。

"不同地点的土壤类型可能有差异，所以在多个地点进行检测会得到更准确和全面的结果。"

碱性 →

玉兰喜欢弱酸性至中性土壤。

铁线莲在中性土壤中繁茂生长。

丁香喜欢中性至弱碱性土壤。

花葱喜欢生长在弱碱性土壤中。

评估花园的气候

对你的花园的环境、盛行风、温度和小气候的理解不能在一个下午完成。这个过程应该花至少一年的时间，但你花费的时间和耐心有助于确定设计和选择植物。

你的花园的气候条件以及小气候不但决定了可以种植哪些植物，还将影响整体花园设计。坐在花园里最潮湿、最风雨交加的地方不是个好主意，所以通过加深对花园中特定天气模式的了解，你可以确保自己创造出舒适的休闲场所。

潜水位

地下水在土地中的天然水平面称为潜水位。如果你挖一个足够深的坑，毫无疑问能够找到它。然而，对于我们而言，理解潜水位的最简单的方式是留意植物的生长状况。如果你的草坪在炎热、干旱的夏天保持鲜艳的绿色，那么你很可能拥有较高的潜水位。如果草坪在刚入夏的时候就枯萎了，那就说明潜水位比较低。

❶ 测量气温

有些植物可以比其他植物更好地应对极端气温，所以花园里的气温差异将影响可以种植的植物种类的范围。要测量这些差异，你需要一个能够显示最低温和最高温的温度计。将它（或者传感器，如果你用的是远程电子温度计）放置在不受阳光直射的地方。你可以在一天当中的任何时候读数，但最好连续读数，记录每个季节的气温是如何在24小时之内变化的。最热和最冷的读数是多少？对于一年当中的这个时候，这些读数正常么？

❷ 检测盛行风

风向影响气温。当我生活的林肯郡刮起东风时，那滋味儿可不好受。当风主要从一个方向吹来时，这个方向的风称为盛行风。记录下盛行风的方向、你的花园对盛行风的暴露程度，以及是否有建筑或构筑物形成风漏斗。这些信息将影响你的设计，因为也许你想设置透风屏障以创造舒适区域，或者种植在微风中摇晃、珊珊可爱的植物。

了解花园的气候有助于选择能够繁茂生长的植物。如果你的花园潮湿背阴，和这种蕨类 [腺鳞毛蕨（*dryopteris affinis*）] 一样的植物将生长得很好。

通过自问下列问题熟悉你的花园的独特小气候。

Q 太阳在哪里？

朝南的区域得到更多阳光和温暖，朝北的区域得到的较少。

Q 是否存在任何热量来源？

朝南和朝西的栅栏或砖墙可以收集和反射热量，而朝北的墙壁提供波动较小、更加冷凉的温度。

Q 花园是否多风？

风的方向和力量可以伤害植物和干燥土壤，所以在非常暴露的区域，可能需要考虑使用透风屏障遮挡你和你的植物。

Q 雨水容易聚集或排走么？

比较湿润的地方需要比较长的时间才能回暖，所以要留意积水有多容易或者多不容易排走。排水过于顺畅的地方可能容易干旱。

Q 地形陡峭不平么？

除了墙壁，小丘或谷地也会影响降雨，而且坑洼会汇集冷空气，形成霜穴。

❸ 测量降雨量

不同地区之间的降雨量可以相差很大，所以了解降雨量会在种植和维护自己的花园时为你提供帮助。你可以只是找一个桶接住雨水，再用尺子测量雨水的深度，但雨量计（大多数园艺中心有售）的测量结果更精确。无论什么时候下雨，都在每天的同一时间查看雨量计（或者水桶）。了解花园的逐年降水情况。

❹ 发现雨影区

降雨被挡走的区域称为雨影区。风、建筑物和植物都能将降雨挡走。某些区域可能在下雨时仍然保持干燥，其他区域可能会承接从硬质表面上流过来的雨水，因此保持潮湿的时间更长。在倾盆大雨之后寻找雨影区，此时可以看出潮湿的区域。你的花园里有没有别扭的空间、挡走降雨的建筑，或者茂密的遮盖物（绿篱、乔木或藤架）？

"通过加深对花园中特定天气模式的了解，
可以创造出舒适的休闲场所。"

考虑气候的设计

这个城市空间既背阴又潮湿，所以我使用这棵开阔、稀疏的乔木，在现代混凝土表面形成有趣的光影效果，并大量使用水来反射光线。植物的选择不只考虑到了潮湿的环境条件，还给这个空间带来了光线、运动感和对比。

座位设计成可以单独使用或者合而为一的组合单元，还可以根据使用者想要荫凉还是阳光移动到这个空间的不同位置。

有限的配色非常适合较小的空间，因为它们很依赖大量的对比。我选择了可在潮湿林地条件下天然繁茂生长的植物。

抛光混凝土台面为我提供了非常棒的反射平面，将光反射到此处空间的各个位置。水池上设置了一个挑空台阶，吸引你驻足于此，欣赏水景。

考虑花园所处的环境

花园的边界、视野和位置都会对你的设计外观和使用者在其中的感受产生重要影响。花园外面的情况和里面的情况一样重要，所以应该确认能够利用什么或者需要掩盖什么。

好好观察花园的边界和视野，思考你的花园坐落的位置。想一想这些因素会如何影响你想要的设计效果和整体感觉。当你向外看的时候，无论看到的东西是好是坏，八成都是无法改变的，所以你可以把这当成一个发挥创意的机会。有很多方法可以利用漂亮的外部景色，这常常被称为"借"景。对于那些你宁愿看不到的东西，也有很多方法可以分散目光。

查看你的边界

边界的用途是保证安全和隐私，提供屏障，确定地块的范围，并且对整体外观有巨大的影响。有趣的是，你的花园越小，边界就越重要，因为这样的话边界会离你近得多，会成为设计中更大的一部分。它们可以融入外面的景色，在你的花园和外部风景之间创造一种流动感，也可以用来制造一种围合感。在我看来，最美丽的花园是那些边界"消失"的花园，它们的边缘会融入或者流进外部空间。

也许你可以在花园边界混合使用不同的材料，强调视线焦点，或者用攀缘植物覆盖一整面墙，模糊边界感。

利用（或者遮挡）视野

利用或遮挡视野的方式可以造就或者毁掉你的设计，所以除了从房子里观看之外，还要从你的花园里四处观看，确定下来能够看到边界之外的什么景色。外面可能有些景色是你想借用的，例如一棵乔木或者一座教堂。外面还可能有一些你宁愿看不见的丑陋的景色。如果你打算遮挡这样的景色，思考一下会不会制造更多背阴处。如果打算使用植物遮挡，思考并决定你想要的遮挡是全年的，还是只是常常待在室外的温暖月份的。

盛花期的攀缘植物紫藤可以在气候温暖的月份提供色彩鲜艳的边界，十分吸睛。

唤起旧时光和地方传统

对于设计过程而言，了解当地区域不是必不可少的步骤，你们当中的一些人或许情愿忽略接下来的这一部分。然而，我喜欢调查任何与传统建筑材料（例如砖、石头、板岩或燧石）有关的事，因为它们与当地的地质情况以及就近使用材料的可行性有关。例如，在一个地质构造主要为石灰岩的地区，你会看到很多出色的石雕工艺。我还会试图查明当地是否存在和这些材料相关的建筑方法，因为这些信息真的有助于确定我的设计方案。我还会寻找建筑细节。墙壁、门廊、尖顶饰、大门和窗户都是发现这些细节的好地方。

在当地材料或历史产业的启发下创造设计，并彰显某种建筑细节或符号，这样做有助于使你的花园经受住时间的考验。种植本土植物是令花园和谐融入所在地的另一种方法。

> "花园外面的情况和里面的情况一样重要。"

须知

边界影响你周围的其他人，因此受到各种法律法规的管理。在进行任何改动之前，先考虑如下事项：

- 你的花园需要有多安全，以及是否需要将宠物或儿童关在安全的围合空间里。
- 花园边界的准确位置。关于边界线存在一些法律影响。在惹恼邻居之前先查看你的地契。
- 你想将墙壁修多高，这会对你的邻居造成什么影响。
- 关于高度限制的当地官方规定。
- 花园边界可能投射在你的花园和隔壁的影子。

问问亚当

当你在谋划花园的设计时，有很多东西需要考虑。你需要查看可用的空间，检测土壤，并查明花园的气候和小气候，还要研究关于边界的地契。

Q 如果我的土壤像瓦砾一样怎么办？

新建房屋的花园常常拥有毫无生机的外来表层土，但是任何类型的土壤，无论多么贫瘠，都可以通过混入有机质的方法改良，例如腐熟粪肥、腐叶土、蘑菇基质或者自制粪肥。要想帮助植物吸收养分，你还可以在种植它们的时候增添菌根真菌。

Q 我真的需要画一张比例尺平面图吗？

为你的花园绘制一张恰当的比例尺平面图看似有些小题大做，但这是设计过程的重要部分。平面图不仅将帮助你尽可能高效地组织自己的空间，还能确保你的计算更加精确。最后，当你购买材料或者从建筑商那里获取报价时，它还能为你省钱。

如果你不能负担居住的地区使用的传统建筑材料，可以使用颜色相似的材料，帮助建立你的花园与它所在地的连接。

Q 如果我不能一次完成所有的事情怎么办？

如果你不能一下子完成所有的事情，例如测量花园、土壤检测以及核查谁拥有边界的话，也无须担心。这些事情都不大可能发生变化。最好慢慢了解你的花园，坐在花园里不同的地方并长期观察，这样才能真正理解阳光和阴影是如何在这个空间里移动的。还能发现你在一天之内的不同时候最喜欢的是什么地方。

"为你的花园绘制一张恰当的比例尺平面图看似有些小题大做，但这是设计过程的重要部分。"

Q 乔木会不会造成地面沉降？

大多数靠近建筑物的乔木并不会造成损害。问题容易出现在经历了长期干旱的重黏土地区，因为乔木根系会抽干地基下面土壤中的水分。白垩质土或沙质土上的建筑极少遭受乔木根系的损害，而且只要你的排水系统不漏水，根系通常不会造成任何问题。看看窗户和门周围有没有新的裂缝。如果有疑问，寻求专业人士的建议。在选择一棵乔木时，考虑它的根系需要多大空间。我从不在距离房子3米之内的地方种植乔木，而且即使在3米之外的房子附近，我也只会种植小乔木。

锦囊妙计

短时间内提升你的空间

我总是建议花12个月真正了解你的花园并观察它是如何随着季节变化的。但是如果你急着马上开始，下面有一些速战速决的办法。进行整体性的清理并尽可能地消除杂乱。清洁石头或砌砖，修补所有松动的地方。用切边工具将草坪边缘修剪整齐。在花盆和裸土中播种一年生植物，迅速得到色彩并帮助抑制杂草。修剪死亡或患病的植物材料。

重点知识

....

○ 土壤是花园里最重要的东西，所以你要确保知道自己拥有什么类型的土壤，以及为了改良它和保持它的健康状态需要做什么。

○ 太阳的朝向是在花园里设立最舒适的座位区的指南。朝南的区域得到更多阳光和温暖，朝北的区域更冷更幽暗。

○ 我最喜欢的花园是那些似乎"失去了"边界的。要让它们消失，可以用攀缘植物或攀缘灌木覆盖边界。

○ 研究你所在地区的历史，使用呼应当地建筑和地质情况的材料、符号或颜色。

设计

人本化设计

"问问你自己,谁将使用这座花园,以及他们想如何使用它。"

引言

———

为了创造一座人们真正喜爱的花园，需要考虑谁将使用这个空间，他们用它来做什么，以及你能够在它上面花费多少时间和金钱。设计一座不符合你或你的家人的实际需求的花园，这样做毫无意义。

我常常认为大多数人过着双重生活，一种是我们梦想中的生活，另一种是实际上过的生活。当你在思考是为谁创造这座花园的时候，必须做到对自己绝对诚实。你的设计也许在纸上看起来很漂亮，但是如果它不符合你和你的家人的需求，那么从长远来看它是行不通的。

在为客户设计花园时，我会问无数的问题，因为我试图全面地了解他们的生活、愿望和需求。这也是我想让你做的。采访一下自己，问问谁将使用你的花园，以及他们想如何使用它。即便部分答案显而易见，它们也能帮助你的计划变得更具体，并根据你的需求量身定制。通过问自己想从花园得到什么，并将答案写下来，你将开始准确地指出你的花园具体需要什么，好让你和家人都能做喜欢的事情。

"我想帮你创造一座你喜欢
花时间待在里面的花园。"

你的花园为谁而造？

在我看来，最好的花园应该备受喜爱，被充分使用，而且不过于复杂。花园可以吸引人走出屋外，因为它让人感到舒适、放松和愉快。花点时间想想谁将使用这个空间，以及怎样才能最好地满足他们的需求。

我们习惯于将不同的房间一起放在家里，以满足人的需求，例如烹饪和就餐设备齐全的厨房，或者摆着舒适座位、电视和音响系统的客厅。用同样的思路考虑你的户外空间。要做到这一点，先回到最基础的步骤。谁将使用花园？他们年纪多大？仔细思考他们和他们的生活方式。随着回答这些问题，你将开始逐渐掌握你的花园必须满足的所有愿望和需求。

Q 使用花园的是你自己、你和爱人，还是你们一家人？

你的花园需要容纳的人数将影响你对它的安排方式以及休闲区或草坪包含的空间（如果有的话）。它还影响你的座位和用餐区的大小。

思考

○ 每天使用这座花园的人有多少。

○ 你和所爱的人喜欢如何一起消磨时间。

一块公共区域真的可以将人们聚集在花园里。

Q 你是不是一位园丁?

花园需要匹配你在园艺方面的能力和你的热情,以及你可以花费在这方面的时间和预算。除了影响种植选择,这个问题还影响到你是否想要添加某些景致,例如草坪、菜圃、整枝果树或者一座温室。

思考

○ 你有多热心于园艺活动。

○ 你有多少时间。

如果你的所有空闲时间都在花园中度过,就进行相应的设计。但是如果你用在花园上的时间有限,就现实一些,保持花园的低维护性。

牢记在心

在这里要实事求是。如果你并没有多少经验,却创造了一座需要大量维护工作的花园,这样做是没有意义的。最好的办法是先种植那些表现良好且容易控制的植物。接下来,如果你感觉自己喜欢园艺,再逐渐积累知识和发展能力,让自己能够胜任那些需要更多注意力和技能的任务,例如繁殖新的植物或者修剪果树。

Q 年龄范围是怎样的?

考虑将使用这座花园的人们的年龄范围,包括儿童、青少年、父母和祖父母。他们的年龄如何影响他们使用这处空间的方式?

思考

○ 花园主要使用者的年龄。

○ 子女或孙辈子女,他们多大岁数?

○ 岁数大的家人或朋友。

牢记在心

虽然一些比较年轻的家庭成员会很乐意花时间在户外玩耍,但其他人可能需要某种鼓励才会离开自己的卧室,走进新鲜空气。考虑为他们提供专属空间,例如为年纪较小的孩子搭建小棚子或树屋,或者为青少年提供配备懒人沙发或吊床的舒适空间。

让你的家人参与花园活动,吸引他们进入这个空间并与其形成连接。

"虽然一些比较年轻的家庭成员会很乐意花时间在户外玩耍,但其他人可能需要某种鼓励才会走出门外。"

设计 DESIGN · 建造 BUILD · 享受 ENJOY

Q 你的身体状况如何？

如果你或者一名亲属行动不便，那么道路宽度、地面类型和台阶的使用都应该考虑到你们的无障碍需求。你一定想创造一座让你可以轻松照料并充分享受的花园。

思考

○ 轮椅使用或者身体上的挑战等因素。

○ 走路、曲膝跪下或弯腰对你而言是否困难。

牢记在心

无障碍不仅仅是避免绊倒风险以及在台阶或斜坡上安装扶手，虽然这是个好的开始。如果你或者一名亲属难以弯腰、曲膝跪下或者走路，你也许想建造花台，这样的话坐着也比较容易种植、维护和近距离观赏。如果有使用轮椅的人，道路需要足够宽，以便轮椅活动。道路表面也是需要考虑的因素。和石子路面相比，独轮手推车、轮椅和婴儿车在铺装表面上更容易操纵和移动。

花台相对容易使用，因为不用怎么弯曲或者拉伸身体。

> "无障碍不仅仅是避免绊倒风险和安装扶手，
> 虽然这是个好的开始。"

Q 你的爱好呢？

你设计的是一座在里面消磨时光的花园，所以为什么不把它设计得符合你已经拥有的兴趣呢？这个问题可以帮助你决定，一片多功能开阔区域是否比为一系列特定活动设计的多个小型空间更适合你的家庭。

思考

○ 锻炼空间。
○ 家庭运动或游戏。
○ 家庭中的野生动物爱好者。

牢记在心

在为运动和锻炼设计花园时，显而易见的选项可能是添加一片宽阔的草坪区域，但是为轻度锻炼如瑜伽或普拉提设计一个安静、私密的空间，同样可以鼓励你每天早上起床锻炼身体。或者如果你喜欢野生动物的话，为什么不在某个指定的自然之角种植野花，去吸引鸟类、蝴蝶和蜜蜂呢？

Q 你的宠物呢？

宠物是家庭成员的一部分，虽然你也许不想围绕它们设计花园，但是值得考虑它们在户外空间中扮演的角色。

思考

○ 你的宠物的大小。
○ 它们是完全生活在室外，还是在房子和花园之间自由切换。
○ 它们在花园里自由活动可能造成的任何混乱。

牢记在心

记住，所有宠物都需要大量空间。例如，如果你有一只兔子，思考笼舍设置在哪里，并在草坪上留出兔子奔跑的空间。在设计一座对宠物友好的花园时，别忘了花园边界：墙壁和栅栏需要确保安全，以防宠物逃走。

在宠物的需求和你作为一名园丁的抱负之间找到平衡。
别指望它们只是因为你改变了花园而改变自己的习性。

人本化设计

　　这座花园被我设计成全家人可以尽情享受室外世界的地方，既能在篝火上烹饪美食，又能在岩石水池里攀爬嬉戏。有顶遮盖的座位和壁炉让花园成为一个全年可用的舒适场所。

这座侧面开放的石墙庇护所有一台壁炉和一面悬臂式橡木屋顶，是朋友和家人一起放松玩乐的理想地点。

我选择用这种石头唤起家庭成员对特殊地点的记忆，并在整个设计中同时使用它的天然形式和加工石材，营造出一种奇妙的场所感。

自然风格的种植和绿化屋顶相结合，满足为当地野生动物创造多样化生境的愿望。

你的花园造来做什么？

先暂时忘掉现实性。你想从自己的花园里得到什么？在理想状态下，你将如何使用它？保持开放的心态，诚实看待你希望拥有的花园。然后开始思考你应该如何达到这个目标。

有很多人还没有真正思考过花园的具体功能就开始建造花园了。我总是建议人们首先只将花园当作一个空间进行考虑。这听上去或许有些奇怪，但我发现当我们一想到"花园"，思绪总是会转移到棚屋、堆肥、储藏等现实性的问题上来，这些问题虽然非常重要，但是不能让你知道你想如何使用这处空间。

如果你思考一下人们将如何使用这处空间，以及它将如何满足人们的需求，这会为你的设计获得更多可能性。

Q 你想从这处空间得到什么？

花点时间好好想想你对这个问题的答案。尽量保证每个即将使用这座花园的人都参与进来，别担心愿望清单变得奇长无比。当你随后开始将时间和预算等因素考虑进来时，总是可以将它削减到适当的程度。

思考

○ 你是否想要一个可以放松的地方。
○ 你是否想用花园招待客人。
○ 你是否想种植很多花。
○ 你是否想种植水果、蔬菜和香草。
○ 你是否想要一个游戏区。
○ 你是否想吸引野生动物。

写完自己的想法之后，开始稍微更进一步地思考所有选项，看看每个愿望可以如何达成。

鲜花也许是愿望清单上的优先选项，或者你对种出水果和蔬菜更感兴趣？

Q 你的花园是用来游戏的吗?

一个专门设置的游戏区可以吸引孩子到户外玩耍,但是试图设计出一个实际上与你拥有的空间不相符的游戏区是没有意义的。你的孩子实际上将如何使用花园?思考他们将玩什么游戏,他们喜欢什么活动,以此作为起点开始你的设计。

思考

- 多少孩子会在这里玩耍(你的孩子以及他们的朋友)。
- 为固定设施留出空间,例如一组秋千、一张蹦床,或者一个攀登架。
- 为球类游戏留出空间。
- 夏天可以将戏水池放在哪里。

牢记在心

随着岁月流逝,我们家改变了我们玩耍的游戏种类,以适应我们花园的大小,而不是削足适履,试图将一整座足球场塞进大小不合适的地方。如果你没有设置专门游戏区的空间,可以发挥创意或者向上发展,用已有的建筑物悬挂秋千。例如,如果你有一棵成年乔木,可以建造一间树屋。

想让就餐区域感觉更亲切和私密,可以增加起遮挡作用的顶部结构,将空间围合起来。

Q 你的花园是用来招待客人吗?

若要招待客人,无论是慵懒的周日午餐还是星空下的夜晚小酌,你都需要在花园中选择合适的地点并留出大量空间,让朋友和家人可以舒适地四处走动,享受闲暇时光。

思考

- 你想多久招待一次客人。
- 平均每次招待大概多少人。
- 你想让所有客人围着一张餐桌进食,还是像酒吧一样随意落座。
- 你是否想在室外烹饪。
- 你想在一天的什么时辰和一年的什么时间招待客人。
- 你是否需要将座位全年摆在室外,还是在冬天将座位收起来存放。

牢记在心

在设计招待客人的区域时,我通常取正常情况下客人的平均人数,并用这个数字确定需要的空间大小。不要只为桌椅留出恰好坐得下的空间。当你坐在露台上并往后挪动椅子的时候,有多少次差一点跌进花圃?确保留出大量空间,只要拿不准,就增加更多空间。至于一天或一年当中的时间,别忘了实际方面的因素。你需要为正午的阳光准备荫凉,如果你不想让客人在冷凉的秋夜瑟瑟发抖,还要准备一个取暖用的火坑。

设计 DESIGN · 建造 BUILD · 享受 ENJOY

Q 你很重视吸引野生动物吗?

　　歌唱的鸟儿、飞舞的蝴蝶和蜜蜂,以及呱呱叫的青蛙为花园带来生机,而且是一种很棒的教育方式,可以让人意识到自然界的重要性,以及花园如何起到野生动物走廊的作用。打造野生动物友好型花园的方法有很多,所以选择最适合可用空间的设施。

思考

- 如何在养猫的情况下仍能看到鸟类在你的花园里觅食。
- 你的孩子是否大到足以出现在开放式池塘或水景周围。
- 你可以将益虫屋和鸟类喂食器放在哪里,以便从房子里看到它们。
- 种植有冬季浆果的乔灌木,为鸟类提供食物。
- 你的栅栏是否对刺猬友好,带有供它们穿过的开口。
- 在种植方面,你可以如何充分利用空间。

牢记在心

如果你有猫,一定要将鸟类喂食器放置在猫够不到的高处。将鸟类喂食器设置在多刺灌木如冬青树丛中,也会让猫避而远之。你可以在鸟食架的支撑柱上放置挡板,阻碍猫和松鼠爬上去。如果你家有幼童,开放式水体如池塘可能造成危险,高边式水景会是更好的选择。

在设计野生动物花园时,思考种植哪些花以吸引蜂类和蝴蝶,以及你可以在什么地方安全地悬挂鸟类喂食器和益虫屋。

Q 种植水果和蔬菜是优先考虑的因素吗?

无论是新鲜采摘农产品的滋味,还是亲手栽培并收获带来的成就感,都是无与伦比的。如果你考虑将一座家庭菜园融入自己的户外空间,花点时间思考想种植什么,以及实际上需要种植多少。

思考

○ 你想吃什么新鲜农产品,以及用什么新鲜香草烹饪。

○ 你是否拥有种植攀缘植物如豌豆或红花菜豆的空间。

○ 你是想每年种植不同种类的作物,还是想在固定空间种植宿根蔬菜如芦笋、大黄或者水果、灌木。

○ 你是否想在花境的宿根植物中间种植作物。

牢记在心

认真思考在现实情况下可以将多少空间用来种植作物。也不要觉得必须将花园和菜园分开。如果你缺少空间(或者你只是想在种植上发挥一点创意),试试将作物和观赏植物结合起来:红花菜豆种在攀缘植物中,甘蓝和万寿菊混合在一起等。至于亲手种植这种生活方式的入门之选香草,可以将它们种植在紧邻房子的地方,以便按需采摘。

Q 有成长空间吗?

你的愿望清单上的大项不难计划,招待区和游戏区、吸引野生动物的种植想法,以及果蔬园艺。但是真正让花园拥有特殊意义的,是那些更小的时刻,那些作为爱侣或一家人一起度过的欢乐时光。放下铅笔,想象随着岁月流逝你的花园里可能会发生的所有事情。然后开始计划一个空间,让它可以容纳这些制造回忆的未来时刻。

思考

○ 你是为季节性活动留出了足够空间,例如设置夏季戏水池。

○ 增添烧烤设备。

○ 有没有区域可以设置火坑,让你们都坐在周围取暖。

○ 是否有用于家庭游戏的空间,例如乒乓球或网球。

牢记在心

在这里,重要的是空间,确保花园里有成就这些即兴家庭时刻所需的足够空间。你的兴趣和嗜好可能每年都不一样,但是随着家人的成长,像草坪区域这样的开阔空间可以成为你们需要的任何空间。

一块专门种植蔬菜的区域对于某些人而言是必不可少的,但是如果你想混合种植,总是可以将食用作物和观赏植物种在一起。

你有多少时间

一旦列出愿望清单，就该考虑现实了。虽然你或许想拥有每个人都能享受的户外乐园，但是应该实事求是，想想可以花多少时间建造你的花园，以及平时有多少时间维护它。

园艺全在于时间，一棵植物开花需要经过数周乃至数月，而一棵乔木长到完全成年则需要数十年的耐心等待。花园设计和种植也是持续的过程。事情不会在你种下最后一个种球时停止。随着你和家人的需求发生变化，花园也会随之改进。还要记住，一旦确定下来设计方案，你可以将其化整为零，每次落实一点。当你在养护已经落成的花园时，别害怕进行调整，以满足不断变化的需求。

> "花园设计和种植是持续的过程，它不会在你种下最后一个种球时停止。"

 你想用多快的速度建造它？

你也许想尽快建造你的花园，不过也许将它分解成不同的子任务对你而言更合适。

思考

○ 你是否渴望尽快落实花园的设计，或者你是否可以慢慢来，采取逐步实施的办法。

○ 运输建筑材料时是否需要穿过房屋。

○ 是否存在某种特殊事件，让花园必须在特定日期之前完工。

○ 如果你可以分区域逐步修建花园，哪些区域是优先考虑的，哪些可以等等。

牢记在心

拥有一张总平面图是很重要的，但是真正的建设可以分解成多个项目。将花园元素分解成不同阶段可以让你在更长的时间跨度内做预算并节省金钱。然而要记住的是，大批量购买建筑材料总是更便宜，而且如果运输材料时需要穿过房子，你大概不想每运一次材料就打扫一遍房屋。如果打算重新装修房子，最好先完成比较脏的花园建设工作。

Q 你有多忙?

创造出自己的花园之后，你实际上有多少时间照料它? 思考平时要做的事，想想如何以及何时能够照料你的花园。

思考

○ 你周末不在家的频率有多高。
○ 你是否要为自己的孩子做很多事情，经常开车接送他们。
○ 你每年有多少假期。
○ 你会在一年当中的什么时候外出。
○ 你现在是否喜欢待在花园里做几个小时的事情。

○ 你现在的代办事项清单有多长（不只是园艺工作，而是你知道需要做的所有任务，它们的增加速度快吗）。

牢记在心

如果你已经是一名有经验的园丁，而且有大把时间可以用于维护花园，那么务必创造一处让你充分享受照料它的乐趣的高维护空间。但是如果你从内心深处知道自己不会有那么多空闲时间，别担心。创造一座不需要花费那么多时间的美丽花园是完全可能的，这种花园的硬质景观和种植区域的比例较高，而且只需要基本的浇水、施肥和除草就能维持良好的状态。

Q 你会在那儿住多久?

你为自己的花园花费的时间和金钱应该反映你打算使用它多长时间。也许显而易见，但你肯定不将几千英镑和几百个小时花费在一座没几年之后就要说再见的花园上。

思考

○ 你打算在自己的房子里住多久。
○ 目前正在使用这座花园的人今后是否会继续住在那儿。
○ 是否有任何一名孩子或者青少年最终将离家上学或者去别的地方。

牢记在心

如果你打算只在自己的房子里住几年，那么大概不想花和"永远的家"同样多的钱在花园上。你也许会考虑使用可以从一座花园转移到另一座花园的元素，户外家具、盆栽植物等。即便你打算长期居住，也不一定非得让花园十年都是一个样子。思考它可以如何随着你和家人演化，这样就不需要在将来一次又一次地重新设计。

将植物种在花盆里，如果你觉得搬家时也许想将它们带走。

问问亚当

保证花园与其使用者相符，这是设计花园时最大的挑战之一。这不只关系到满足实际需求，还关系到确保花园是一项乐事，不会变成一项累人的杂务或者承受不起的财务负担。

如果你们一家人坐下来，让每个人都讨论他们想从花园中得到什么，他们就会更有可能使用它。

Q 我如何让家人同意一项设计方案？

有时候很难让所有家庭成员就花园用来做什么、应该如何布局以及它应该是什么风格达成一致意见。有人曾经说过，在婚姻里，你要么是正确的，要么是快乐的。我认为花园设计也是如此。要让尽可能多的人快乐，唯一的办法就是作出妥协。找出能够达成一致意见的主要事项。当你在列清单时，看看不同意见的交叉点在哪里，不要沉迷于具体的细节。

Q 如果我的预算很少呢？

好的设计并不一定要花一大笔钱。关键是拥有一个你喜欢使用的空间。你用的是昂贵的天然石板还是回收利用的混凝土板甚或砾石，其实并不重要。如果你对花园进行了精心设计，那么始终可以分阶段逐步建造，以便慢慢攒钱购买真正需要和想要拥有的东西。

Q 我如何让孩子到户外去？

让孩子到户外的绝佳方法之一是为他们提供某种"小窝"。你可以购买儿童游戏房，不过从自制树屋到棍子搭的圆锥帐篷都能满足需要。另一个办法是让他们种植蔬菜或者在户外烹饪。我喜欢和孩子们一起做比萨，并且在花园里放了一个比萨烤炉，所以现在他们的朋友都会到我的花园里玩。

> "好的设计并不一定要花一大笔钱。
> 关键是拥有一个你喜欢使用的空间。"

锦囊妙计

如何爱上你的花园

在设计自己的花园时，确保它是一个你真的想花时间待在里面的空间。理想的状况是，花园将成为一个每当你看向窗外都忍不住被吸引过去的地方。如果有舒适的座位，最好是在一个温暖隐秘的地方，那就意味着花园里总是有一个令人向往的目的地。在户外享用的食物总是更美味，所以确保你拥有一张体面的餐桌和所有人的座位。如果能在外面烹饪，那就更好了。

Q 我将怎样找时间做园艺？

我们很多人拥有非常忙碌的生活，在园艺方面缺乏经验的人常常担心自己没有足够的时间。不过，你可以按照自己愿意花在花园上的时间多少来创造它。一些植物需要精心照顾，而另一些植物完全可以任其自由生长。精心选择你的植物，以免自找麻烦。而铺装和砖艺等硬质景观只需要每年清洁两三次就能保持美观。

重点知识

○ 我认为大多数人过着双重生活。一种是我们梦想中的生活，另一种是实际上的日常生活。在估计你有多少时间可以在花园里度过时，尽可能现实一些。

○ 认真思考所有将使用这座花园的人，以及他们将使用多久。

○ 确保花园的设计不会让它成为一项累赘的杂务。如果你不是一名园艺发烧友，就不要为自己制造许多工作，因为到最后你只会悔恨交加。

○ 一座被充分利用并深受喜爱的优秀花园并不一定非得花一大笔钱。如果计划得当，你就可以充分利用自己掌握的资源，而花园可以分阶段建造或者在将来用更好的材料进行升级。

设计

找到你的风格

"关于风格的想法可以来自任何地方：
杂志、网站甚至是厨房地板的铺砖图案。"

引言

就像家中的房间一样，一座花园是由不同的元素构成的，这些元素结合在一起，赋予它场所感和风格。临时购买东西很容易，但是想要得到更具整体性的外观，你需要仔细思考自己想要添加什么，以及它们将创造出的整体效果。

花园里的每种元素——路径、边界、台阶、水景、构筑物、照明和家具——都将影响空间带给人的感受，所以在决定添加什么东西以及将它置于何处时，你应该慢慢来。

在这一部分，我将与你分享一系列精美的图片，它们展示了可以在所选择的元素上玩出多少复杂的花样，以及每种元素可以怎样帮助塑造整体风格。此后，我将向你展示如何创

建情绪板（参见第82—83页），这是设计过程中至关重要的部分。我倾向于使用它们微调选择，确定所选元素的颜色、质感和材料将如何共同发挥作用。这是发挥创意并真正玩味不同想法的机会，不过我的建议是，一旦你开始精心雕琢某种风格，最好尽量将材料种类保持在有限范围内。保持简单总是值得的。

"在周围的景观中寻找能够为花园奠定基调，
并赋予其一种永恒感的材料和细节。"

找到恰当的材料

选择要在设计中使用的硬质景观材料之前，对它们有所了解总是有好处的。美观固然重要，但是你还需要牢记实用性，例如成本、耐久性以及材料的易维护性。

> "如果使用不受时代影响的经典材料，例如木材、石材和金属，那么你的花园就不容易过时。"

硬木

采伐自阔叶树的木材称为硬木，包括栎树、橡树和白蜡树的木材。这种木材通常给人感觉品质较高。因此并不令人吃惊的是，硬木的价格高于软木（见右侧）。光滑（刨平）的木材很适合更现代的外观，而粗糙的木材（锯板）则体现出一种更古朴的审美趣味。

由于木材是一种天然材料，所以当它暴露在自然环境中时，会发生变化。大多数硬木随着自身老化出现美丽的银色光泽，但是如果你想让它保持原来的颜色，就必须处理它。

软木

针叶树的木材是软木，例如松树、冷杉和雪松，颜色倾向于黄色或者泛红。这些树生长速度较快，因此软木普遍比硬木便宜得多。和硬木（见左图）一样，软木也有刨材和锯材，你可以按照自己想要的效果选择。

如果你想为花园引入一些色彩，软木可以创造出很棒的视觉效果，尤其是将它粉刷或染色，或者在其中加入一些精美的设计细节。如果用在室外，大部分软木都需要进行处理，选好之后和你的供应商核对这一点。

砖

你可以买到各种颜色、饰面和大小的砖，所以找到与你的设计美学搭配的砖相当容易。在砖的质量方面，通常是一分钱一分货。你的选择取决于你是喜欢手工砖粗糙不平的质感，还是喜欢机制砖的均匀一致。如果你想让花园的砖艺和房子互相匹配，那么还可以考虑使用再生砖，因为和崭新的砖相比，它们更符合房子的气质。

石材

取决于你的预算和偏好，可以购买多种不同类型的石板，包括花岗岩、石灰岩和沙岩。花园完工后的外表不仅取决于你选择的石材类型，还取决于石材是如何切割的。天然饰面更适合古朴或传统的审美。想要更现代的外表，尝试使用切面整齐的石材，但是要注意使用位置，抛光石材在朝北的台地上可能会变得湿滑。

混凝土

使用预制混凝土制造的铺装板有许多颜色和饰面，从木材效果到整齐光滑都有。别被"混凝土"这个字眼吓跑，它可以创造出一些奇妙的效果和饰面。除了预制混凝土产品，你还可以现场浇铸并抛光混凝土，得到充满现代感的平整效果，还可以创造更流畅的形状。不过，要想这样做的话，可能需要求助专业人员。

松散砾石

砾石是覆盖大片区域的划算方法，并且有多种大小。较小的砾石走上去更加轻松，因此更适合频繁走动的路径。如果你想让人们放慢脚步，欣赏周围的景色，则可以使用更粗大的砾石。

在当地区域寻找砾石，或者混合使用多种颜色，这样可以使用多种材料。大量购买砾石总是更便宜。

自胶结砾石

自胶结砾石是大、小和细三级颗粒的混合物，压实后形成坚固的表面。虽然它比松散砾石贵，但它创造出的耐磨表面不易风化，所以和铺装板材相比，它是一种切实可行且相对便宜的方法。

如果你在房子附近使用这种砾石，一定要在门口使用板材铺装，以免将沙砾带进房子。

耐候钢

这种奇妙的材料拥有布满铁锈的稳定表面，散发出一种可爱、质朴的气息。它可以做成所有东西，容器、屏风、镶边，甚至是水景。市面上有很多现成的耐候钢产品，但是从金属工匠那里定制产品也没有你想象的那么昂贵。

提醒一句，耐候钢会产生污渍，尤其是连接木材使用时。

台地

———

台地和铺装通常靠近房子，所以应该提供稳定且易于清洁的表面，因为这里通常有人频繁走动。确保风格和材料与其余设置保持一致，并评估颜色和质感将如何受到阳光、阴影和雨水的影响。

"如果你的房屋或墙壁是砖砌的，可以考虑在台地的边缘使用相匹配的砖块。"

1 回收利用的约克郡石不但看上去非常优雅，而且赋予台地一种永恒感。

2 为了得到富于凝聚力的外表，这处台地在边缘使用了相邻墙壁和房子的砖艺。

3 浇筑混凝土板赋予这种错落台地一种现代感，创造出光滑、反光的表面。

4 层列式铺装图案会让台地显得更宽，而颜色较浅的板材可以改善幽暗的空间。

设计台地

台地标志着房子和花园之间的过渡，而它与房屋建筑之间形成牢固的联系应该是你在设计时应该考虑的因素之一。同样重要的是，除了美观，还要考虑尺寸、形状和材料的实用性。

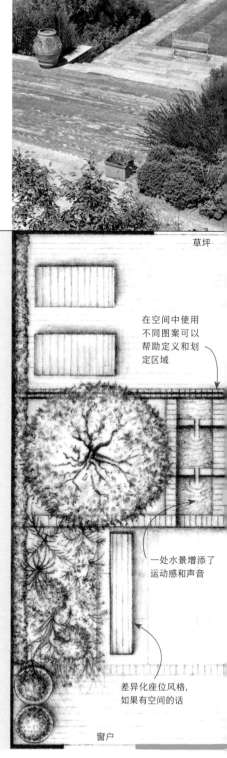

从哪里开始？

首先，确定你打算将台地用来干什么，以及它的尺寸需要有多大。花园的朝向也会影响台地的大小。如果花园朝北而且有足够的空间，你大概会想延伸台地，令其露出房子的阴影，进入阳光之中。

材料的选择是关键，所以花点时间进行试验，并从兼顾实用性和美观的角度考虑你的选择。

什么形状？

不要想着创造花里胡哨的形状。在我看来，简单的形状总是最合适的。而且如果自己建造台地的话，你会喜欢常规形状的，因为这意味着不必对铺装材料进行大量复杂的切割。

什么尺寸？

开始在平面图上进行设计时，你需要思考想让台地是多大的尺寸。大致标出它的区域，检查它是否与房子成比例。台地是否看上去太小以至于迷失在花园里？或者它的尺度让房子相形见绌？确保它的尺寸相对于其用途也是恰当的。一个常见的错误是没有为用餐区域留出足够的空间，别忘了确认一下有没有足够的空间将椅子拉到桌子外面。

这张草图展示了设计台地时你需要考虑的不同要素。

草坪

在空间中使用不同图案可以帮助定义和划定区域

一处水景增添了运动感和声音

差异化座位风格，如果有空间的话

窗户

保证流畅

从实用的角度思考你将如何在这处空间中移动。方便的做法是在厨房附近的台地上设置用餐区域，但是你大概不想在要去花园其他区域的时候被它挡住去路。还要在房子里面检查台地的位置和朝向。注意不要让家具从室内阻挡花园的景观。

玩味图案

如果你将层列式铺装板材横向铺在花园里，花园会显得更宽；如果你将铺装方向设置为远离房子，那么花园的长度会得到强调。考虑铺装单元的大小。想要整洁、现代的外观，就选择大型铺装块或者浇筑混凝土，得到最少的线条。如果想要更传统的外观，那就选择更经典的铺装方式，例如砖块铺装或小方块花岗岩。

哪些材料？

从房间表面或内部的材料、颜色和图案中汲取灵感。例如，如果你拥有一面蓝色板岩屋顶，那么也许可以使用蓝色砖块为台地镶边；或者厨房地板上的某种图案可以在台地上重复使用。或许可以选择你所在地区的传统材料，并将它们改造得稍显现代。所有这些细节都有助于令台地与周围环境产生更牢固的联系。始终获取所选材料的样本，以查看它们在背景下的外观。记住，一小块石头可能无法完全代表你最终获得的结果，因为天然材料的不同批次可能出现差异。

什么是实用的？

对于颜色和质感，实用性方面的问题都非常重要，所以要保证你理解材料在特定地点会是怎样的表现。如果台地朝南，浅色材料在夏天会明亮得令人目眩。如果它朝北而且你生活在降水量大的地区，那么这块区域会处于房子的阴影中并且常常潮湿，所以不能使用光滑石材，以免地面湿滑。

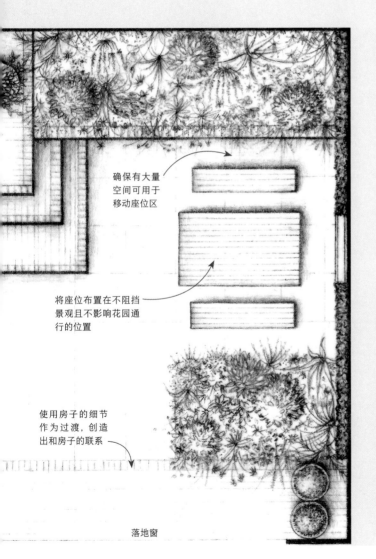

确保有大量空间可用于移动座位区

将座位布置在不阻挡景观且不影响花园通行的位置

使用房子的细节作为过渡，创造出和房子的联系

落地窗

路径和步道

路径的设计、材料和形状都会在视觉上和实用性上直接影响你的花园。除了从 A 点移动到 B 点的方法，一条路径还可以帮助分割花园，增强场景的戏剧性和几何感，缓缓绕到遥远的角落，甚至起到聚焦视线的作用。

1 光滑铺装的层列式图案沿着路径的方向吸引视线，而不规则的边缘被植物和卵石柔化。

2 小砖块可用于铺装较小的转弯，有助于营造一种运动感并挑起好奇心。

3 这条次级路径的自胶结砾石和主步道石材的光滑质感形成了充分的反差，而它的浅色则将光线反射到花园各处。

4 踏脚石可以在你探索和欣赏身边的植物时，将一条路径变成一场探险。它们最好用于使用频率较低的步道。

5 横向铺设的天然木板在视觉上夸大宽度，创造出空间上的错觉。木材的暖色调将植物种植的效果烘托得非常好。

"给人们一条可以跟随的路径，
他们就会抬起头看植物，
而不是低头看自己的脚。"

设计路径和步道

在设计路径时，最重要的因素是它的用途。思考这条路径的目的地、想让人们用多快的速度抵达那里，以及这条路径的使用频率会有多高。

为什么要有路径？

路径决定了人们在空间中找到正确行进方向的方式。你可以使用这种方式在花园里指引人们，让他们转向视觉焦点或景色，或者让他们放慢脚步，欣赏花园的某处景致。

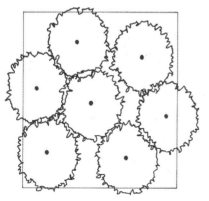

如果没有路径，人们会随意地穿过空间。想一想你如何走过一片荒野区域例如林地，很有可能一直低头留意可能绊倒你的东西，而不是欣赏身边的景色。

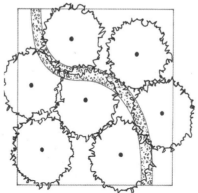

增添一条路径会产生运动感和目标感。一旦增添了路径，你就不必思考应该在何处落脚，然后就可以抬起头来看看四周。

它将你引向何处？

你是否仅仅从A点移动到B点？这条路径会每天使用吗，或者只是偶尔使用？一条主要路径应该宽1米左右，这样才便于步行，不过使用频率较低的路径可以更窄一些。使用频率高的主路径需要使用耐磨材料。材料应该与房子和花园的整体外观保持协调，并使用视觉焦点吸引人们沿着路径行走。

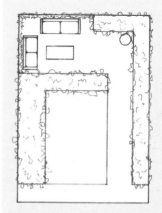

使用视觉焦点吸引人们沿着路径行走，引导他们进入某个空间。

镶边

在一条路径和其他元素如草坪或花境相接的地方，你需要决定使用哪种镶边。例如，一条砾石路径需要镶边，以防砾石散落到种植圃地之中。草坪需要平齐镶边（不比草高）以便更轻松地割草。

- 简单的砖块镶边呈现一种不受时代影响的经典外观。你可以通过摆放砖块的方式创造出不同的效果。

- 木材镶边便宜且活泼，而且可以笔直或弯曲使用。

- 钢材镶边很适合用在草坪边缘，显得非常时尚，但是它需要精心安装，尤其是在弯曲和急转弯处。

- 像花岗岩小方块这样的小块材料耐磨易用，而且它们有各种灰色调可供选购。它们在制作小转弯时尤其有用。

- 石材镶边是和其他区域例如台地使用的石材互相呼应的好方法，有助于在花园中保持材料的连续性。

- 瓦片可以创造出很棒的视觉效果，而且有许多不同的形状和大小。

笔直还是弯曲？

虽然从A点移动到B点的最快路线是直线，但是它对花园的分割方式可能不利于你的设计。弯曲的路径可以放慢人们的步伐，并为花园带来一种运动感。视线焦点可以让人们在沿着路径走到中途时慢下来，而拱门或藤架可以提供趣味和神秘感。在路径边缘种植植物，防止人们抄近路。

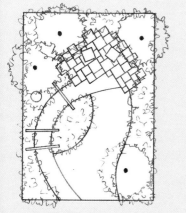

边缘种植植物的弯曲路径可以防止人们抄近路，而拱门可以吸引人们穿过某处空间。

休憩思索

沿着路径设置座位可以鼓励人们在空间中移动时暂且停下脚步，欣赏不同的景色，更加了解花园。在形状不规则的铺装旁边种植植物，可以柔化路径的线条。使用不同的材料和图案还可以创造驻足休憩之处。如果你要增添座位，记住要提供美好的景色或者视线焦点供人观看。

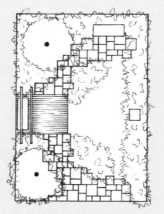

路径上的暂停点可以通过不同的铺装以及凉亭划定，并设置座位和景色。

转移注意力的策略

仅仅偶尔使用的路径仍然应该是整体设计的一部分，因此请仔细规划它们。它们引导视线，创造可能性，并且发挥暗示的力量。材料可以不同，也可以匹配主路径的材料，作为整体设计的一部分整齐地连接某个区域。例如，踏脚石可能不会被频繁使用，但是它们仍然提供了真实的视觉吸引力，而且从实用性的角度看，它们还可以防止草坪的磨损。

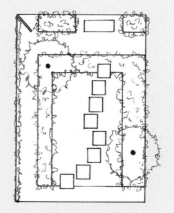

次级路径可以拥有自己的特色，不同于主要的实用性路径。

台阶和高度变化

在花园中修建台阶和处理坡度有很多种不同的方法。重要的是，必须完全明白你处理的是什么高差以及它们的陡峭程度如何。无论使用什么方法，都要确保行走的舒适和使用的安全。

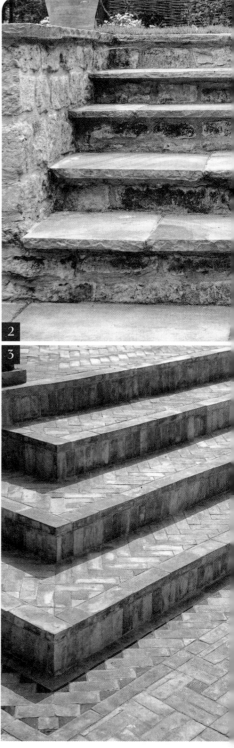

4

"要想在处理高差的工程中省钱，可以思考从一个地方挖出的材料可以如何使用，并将其用在另一个地方（称为'随挖随填'），而不是花钱请人将这些材料清理走。"

1 枕木是一种划算的台阶制作材料。它们在离房屋较远的自然背景中效果最好。

2 来自当地的天然材料可以创造出一种传统感，并赋予空间场所感。

3 在砖艺中增添细节和图案可以将一组简单的台阶改造成视线焦点。

4 大卵石和不规则种植装扮着这些低矮宽阔的台阶，将这处座位区域和周围环境连为一体。

5 通过将台阶设置得比前门更宽，这处入口显得更加开放和温馨，而且还为盆栽植物提供了空间。

5

边界

边界构成了整座花园的背景，而你对边界颜色、材料、质感和图案的选择都将影响整个空间的气氛。思考边界的用途、它的高度将产生的影响，以及你想投入多少钱。

"就像房间的墙壁一样，你对边界的选择将对花园的外观和气氛产生重大影响。"

1 边界可以成为花园中的一道景致，几乎就像一件雕塑作品。这道透过视线的屏风在分隔空间的同时不会让花园显得更小。

2 水平栅栏板不仅为植物提供了完美的背景，还会让花园显得更大。

3 整枝果树在简单背景的衬托下可以有出色的视觉效果，即使是在冬季。

4 这处耐候钢水景在经典的绿篱之中形成一道醒目的中央摆设，散发出一种现代感。

5 这道石墙打断了绿篱的线条，为前景中的花盆提供了背景。

家具

———

一些人觉得在房子里面设置美观舒适的空间比在室外容易，然而大部分思考过程是一样的。你可以选择低廉的成本和活泼的风格，也可以下定决心购买一些能够经受住时间考验的东西。在购买之前，先仔细考虑桌椅和长凳的确切用途，以及它们是否适合你的设计。

4

5

"你的座位区是干什么用的？
沉思之处？社交场所？
还是小酌一杯咖啡的地方？"

1 小的可以是美的，用简单的小桌和椅子充分利用
庭院中阳光充足的地方。

2 嵌入式家具在占据更少空间的同时最大化座位区
域。石材和木材的混合增添了趣味性，而中间的火
坑提供了视线焦点。

3 家具应该让人感觉是设计的一部分，呼应其他地
方使用的形状和材料。坐落在植物之间的座位提供
了观看边界的另一种角度。

4 单件优雅的家具例如这条木雕长凳除了作为座位
区之外，还可以成为特色景致。

5 有顶覆盖的座位区创造出一种吸引人的类似房间
的感觉，并且提供荫凉或者遮风挡雨。

水景

就像火光一样，水有某种令人着迷的神奇特质，能够吸引人们的注意力。如果在花园设计中加入水景，思考一下你希望它产生哪种效果。你是想要引人沉思的平静镜面还是野生动物的天堂，抑或为你的空间增添动感和声音？

1 这条整齐光滑的钢铁小溪携带着水穿过种植区，流入下方的深水池里，将动感、声音和倒影融为一体。

2 简单且种有植物的水槽是个实用的选项，不但为温室用水提供了储备，还可以成为路过的野生动物的天堂。

3 这三个出水嘴位于一个座位区的后部，创造出与水体的更紧密的联系，并提供了可爱的视觉焦点。

4 一个独立式静水水池映出天空和周围的植物，为空间增添了一抹宁静感。

5 一面瀑布墙为边界带来活力。宽大的踏脚石将视线吸引到下方布满卵石的水池。

6 自然式池塘为野生动植物创造出一片绿洲。三个简单的出水嘴增添了动感和声音，在这处景致中创造出视觉焦点。

照明

无论是从实用性还是装饰性的角度，照明都会为花园增添巨大的价值。出于安全原因，可能需要照亮路径、台阶和入口，但是即使你的照明设备纯属装饰，也要确保考虑其位置、角度、质量、颜色和强度。

"在深夜晚归的
日子里，即便
是厨房窗外最
微弱的灯光也
会让微笑浮现
在你的脸上。"

1 简单的香薰蜡烛在夜色中摇曳，有助于营造气氛。

2 彩色照明不同于传统的白光灯，强调种植和树木。但是不要过度使用。记住，少即是多。

3 照明在夜间为花园增添气氛，而且意味着你可以在日落很久之后继续享用你的空间。

4 你不需要照亮整座花园。专注于台阶和路径，以便在花园中走动。还可以使用向上照明，创造真正的视觉吸引。

景致

　　无论是一件雕塑、一个瓮还是其他装饰品，充满装饰感的景致都会为你的花园增添一点个性。用作视线焦点时，一道景致可以分散注意力，或者只是引入一点趣味。它不需要多大多醒目。通过在花园中引入宝贵的回忆，一件个人纪念品就能产生影响。

"通过添加对你和家人有意义的
装饰性物品，让花园成为更个
人化且独一无二的空间。"

1 个性化你的花园，选择有艺术或情感价值的景致。

2 这个真正的蜂箱还在正常行使功能，将它摆放在草坪
上，令人难忘而且非常吸引眼球。

3 这件优雅的雕塑利用了林地环境中的自然光照，并看
向被植物环绕的房屋。

4 雕塑的形态和触觉特征可以吸引目光穿越花园。

5 受茎干形状启发的一张鸟桌舒适地坐落在植物之中。

构筑物

你也许想要一间户外办公室、一间储物棚屋，或者只是想用一个藤架为花园增添高度，但是如果清楚地确定它是做什么的，关于它，你就能做出正确的决定。花点时间为它找到最适合的位置和最能让它和空间联系在一起的材料。你要达成的目标是连续性和凝聚力。

1 玻璃温室可以不只是实用的构筑物,它还可以具有装饰性,并呼应房子整体的建筑风格和颜色。

2 有顶的座位区域设置在静水旁,提供了一个沉思和欣赏景色的地点。

3 这条钢架拱道有一种轻盈和宜人感。生长在架子上的水果除了提供丰硕的收获,还为花园增添了个性。

4 悬垂绳索为月季或其他攀缘植物创造出美丽的框架。它们连绵弯曲的形状看上去比木材横梁更柔和。

5 有顶的用餐区帮助你充分利用花园。绿色屋顶不仅增添了趣味性,还提供了一处非常规的野生动物栖息地。

构建情绪板

情绪板可以帮助你确定自己喜欢和不喜欢的东西，并帮助你确定要在最终完成的设计中体现的主题。它们是创意过程中很有趣的一部分，并帮助你按照不同的方式思考你的设计。不必担心它们看上去是什么样子，这又不是美术作品。

> "在选择和采购材料时，情绪板会帮助你做出清晰的决定，让你不至于被所有选择淹没。"

为什么做情绪板？

你可能觉得情绪板似乎没有必要或者耗费时间，但是如果你真的做了情绪板，从长远来看将收获这么做的好处。

- 统一感。情绪板将帮助你专注于花园的整体主题，并找出看上去不适合这个主题的东西。

- 对比和重点。在缩减列出的主题时，你可能会注意到两个互相对比的主题，可以有意强化它们的对立，以创造或强调视觉焦点。

- 清晰的决策。在选择和采购材料时，通过回头参考情绪板，你可以避免被所有不同的可能性弄得不知所措。

- 划算。如果你对做什么有一系列清晰的概念，那么就不会因为瞎买和整体主题不符的东西而犯下昂贵的错误。

❶ 搜集材料

搜集你喜欢的原始材料，例如来自杂志和Pinterest网站的图片、油漆样本、织物样本，或者自然物体。引起你注意的可能是质感、颜色、图案或形状。你不必一次性完成这个任务。如果你愿意的话，可以慢慢扩充材料库。

❷ 词汇联想

用词语记下不同物体引起的情绪或感觉。使用纸条或便利贴。例如，一种质感是否体现出安宁或平静？一种颜色看上去活力满满还是沉着冷静？一种形状是弯曲流畅的，还是棱角分明的？写下能够引起你共鸣的词。

❹ 缩小范围

选择最强烈的主题并将视觉效果放在一起。它们是否能够形成统一的整体？如果有什么东西看起来有些怪异，就用其他一个或两个主题替换，直到最终得到几个你认为可以良好配合的主题。和试图使用情绪板上的所有东西相比，局限于少数主题将让你得到更有力和清晰的设计。当你对这些主题感到满意时，情绪板就准备好了。将它放在安全的地方，在继续进行设计的整个过程经常回过头来参考。

❸ 寻找主题

仔细看看你搜集的东西。在情绪词汇和视觉效果中，是否存在可以用在设计中的主题？将它们全部摆出来，玩味它们，并对它们进行重新组合，看看是否会出现其他主题。

问问亚当

为你的花园寻找风格是一个很棒的机会，让你可以浏览大量漂亮的图片，以便确定真正喜欢其中的哪些图片以及喜欢它们的原因。如果太多选择让你无所适从，通过缩小搜索范围保持简单。下面是一些我常常被问到的问题。

设 计 DESIGN · 建 造 BUILD · 享 受 ENJOY

临时创造出的花园，从观赏性和实用性上看，极少比得上那些在细节上倾注了大量思考、爱心和关注的花园。

Q 我担心我的品位与众不同

首先，当你首次为情绪板搜集图片时，不要担心你的品位看上去过于随机，也不用担心你喜欢许多不同的风格。这一步的目标是查看一切，然后再将清单缩减到那些你真正喜欢而且可以互相配合并创造出整体方案的东西。在这个过程中，隐藏的主题常常会自动显现出来。如果没有，只需按照你的喜好顺序组织事物，并准备好玩味不同的主题，直到它们能够构成整体。

锦囊妙计

保持简单

使用太多材料是人们常犯的错误，即便是专业设计师也可能掉进这个陷阱。在任何尺寸的任何花园中，保持简单都是值得的。在设计时，除了你想要达成的整体外观或风格，还要思考你对硬质景观材料的使用以及它们的颜色如何协调。一般说来，我使用两种、三种或四种材料。一旦完成对花园的设计，我会回过头来看看是否可以再砍掉一点东西。

> "为你的情绪板搜集图片的意义是，
> 找出能够让你的心跳暂停一拍的
> 那些东西。"

Q 我应该选择哪些图片?

当你为通用情绪板搜集图片以找到适合花园的整体美学时，不要担心最后得到一大堆图片。如果你选择的是与花园和户外直接相关的图片，那很棒，但是别怕加入其他东西，例如能够概括你想要创造的气氛的一段音乐、一句谚语或者人们的照片。重点在于找到对你产生强烈的吸引力、能够让你的心跳暂停一拍的那些东西。

Q 花园有多少种风格?

花园和种植风格存在许多不同的标签，村舍花园、台地花园、热带花园等，但是对它们的解释是开放式的。在现实中，最好的风格是对你而言独一无二的风格。专注于创造一座你真正喜爱的花园，让花园中的不同元素构成一个整体，而不是诸多细节的随机拼凑。

Q 我应该使用什么台地材料?

在选择用于硬质景观的元素时，你会发现决定性因素是成本、实用性和审美。对于靠近房子的硬质表面，实用性是关键。在权衡不同的实用性时，看看我在第62—63页的建议；第58—59页的材料相关信息也会为你最终的选择提供指导。

重点知识

....

○ 搜集喜欢的事物的图片，这是探索你的花园可能达成的不同外观和感觉的好方法。

○ 不要局限于花园或植物的图片。考虑任何吸引你的东西，并确定你最喜欢什么审美、颜色和气氛。

○ 想一想你希望花园带来的情感反应，并用词汇总结。在对图像选择进行微调时牢记这一点。

○ 削减选择范围后，开始将它们组合成最有力的主题类型。这有助于你更加清晰地想象最终的设计效果。

设计

选择你的植物

"进行种植设计的最佳方式是将这个过程分解成小步骤。"

引言

在我看来，植物是花园的明星。它们讲述季节的故事，吸引野生动物，为花园带来活力。从设计的角度看，植物为花园增添结构、质感、动感、声音和颜色。它们还可以柔化线条，创造视觉焦点，并帮助营造特定气氛。

我们大多数人都有过在植物种类的庞大数量面前感到无所适从的时候。良好的植物知识是随着时间积累起来的，而且就算专家也不知道全部的知识！坦白地说，你不大可能第一次就在种植上做对。我不一定总能做对，尽管我已经有几十年的经验。

种植设计是个大项目，最佳解决方式是分解流程。在这一章节，我首先将帮助你确定自己的"种植风格"，然后展示如何按照呼应自然的方式分层种植。我将带你了解一些我最喜欢的植物，并举例说明我如何针对不同的土壤和环境条件提出花境的设计思路。最后，我将帮助你将植物愿望清单缩小到实用且美丽的一系列种类，让你可以使用它们创造出完美的花境。

"就像使用各种颜料的画家一样，你将在花园中使用各种植物创造出漂亮的组合。"

找到你的种植风格

如果你是植物设计领域的新人，"节奏"或"反复"这样的词汇也许听起来令人生畏，但是种植并不需要是复杂的。如果你做一点研究并准备一块情绪板，就能创造一座体现你个性的花园。

制订你自己的种植愿望清单

当你开始为每一层种植（参见第92—93页）制订理想植物的愿望清单时，将你的种植情绪板放在手边。种植设计不是一门精确的科学，但是当你记下想添加在花园里的每种植物时，情绪板有助于提醒你想想更大的局面，你想让种植达成什么整体效果，从而有助于确保选择的植物能够实现目标。

尽管有许多拥有明确定义的种植风格，但是在我看来，花园应该反映某人的个性。因此，在为你的空间确定植物材料时，不要只考虑风格，还应该想着氛围和情感。你的种植方案不应该只由它的外表决定，还应该由它带给你的感受决定。

确定种植风格的最佳方法是专门为软质景观营造过程构建一块情绪板（参见第82—83页）。图书、杂志、Pinterest网站和电视节目都是寻找种植灵感的好起点，但是也别忘了到外面去。在当地园艺中心看看有什么可用的。前往公园或者在开放日拜访当地花园，看看那里的花境是怎么种植的。

每当看到自己喜欢的东西，尝试弄清楚你喜欢的究竟是它的什么？这些植物是否彼此混杂？是鲜艳的色彩吸引了你的注意吗？规则的线条和对称感是否让你眼前一亮？

无论你去什么地方，都记得拍照并做大量笔记。写下你想让自己的花园唤起怎样的氛围，以及当你在花园里时想拥有怎样的感受。你可能会注意到你的笔记中闪耀着某个潜在的主题，也可能是影响花园不同区域的若干主题（例如，与活泼的娱乐区域相连的沉思区域）。你最终选定的主题将展露一些你的个性。

"查看从情绪板上浮现出的主题和情绪，以确定你的种植风格。"

常见种植风格

虽然我不认为你需要熟悉那些著名的种植风格才能种植花园，但是作为情绪板调研的一部分，你也许会发现在网络上查询一些种植风格会很有帮助。可以从下面这些开始：

- 浪漫主义

- 规则式或不规则式

- 极简主义或极多主义

- 当代

- 传统（例如村舍花园或英式乡村花园）

- 特定气候（例如异域、滨海或热带）

- 生态/野生动物友好的

1 鲜明的叶片形状和混凝土边缘的笔直线条形成反差。

2 这些薰衣草圃地令人想起普罗旺斯的记忆。

3 这个混合花境提供的不只是花。这里有质感、运动，以及现代英式乡村花园的感觉。

考虑种植层次

在我看来，感觉恰当的花园就是植物种植有层次的花园。它们会产生结构和季相，但最重要的是，它们还创造气氛。自然是学习种植设计的最佳场所，而植物分层出现在从热带雨林到温带栎树林的所有气候类型中。

> "在林地里散步，你就会注意到植物如何自发形成不同的生长层次。"

植物层次通常包括球根植物层、宿根植物层、灌木层，以及它们上方的下冠层和上冠层。在现实中，不同的层次之间常常不是清晰分离的，所以随着它们的混合，分界线会变得模糊。这是观察花园的一种很有趣的方式，而且当种植场景中缺少什么的时候，你要不了多久就会注意到。在我看来，层次让种植看起来和感觉"恰当"。在下面的内容里，我将分享每一层我最喜欢使用的植物，并用实际案例展示如何进行分层。

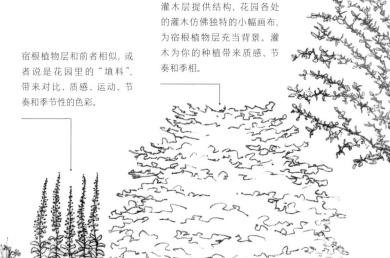

下冠层是由小乔木和中等大小的乔木构成的中间层。在较小的花园中，它可能是最高的层次。使用它玩味光线和季相，还要考虑它们的观赏价值。

灌木层提供结构，花园各处的灌木仿佛独特的小幅画布，为宿根植物层充当背景。灌木为你的种植带来质感、节奏和季相。

宿根植物层和前者相似，或者说是花园里的"填料"，带来对比、质感、运动、节奏和季节性的色彩。

球根植物层包括拥有鳞茎、球茎、根状茎以及块茎的植物。球根植物在营造春日景色方面特别有用，不过你也可以弄到夏天和秋天开花的球根植物。

上冠层是高大乔木构成的最顶层。它可以是一棵你自己种植以形成视线焦点的树、原本就在花园里的树或者邻居花园里的树，又或者来自旁边景观的树。你可以将这棵树"借"到你的设计里，或者在附近种一棵较小的伴生树，将它向下"拉进"你的花园（参见第32页）。形状美观的大乔木可以让一座花园立刻显得更加成熟。它们还可以增添真正的结构和气氛，帮助形成框景。

全世界的种植都由不同层次形成整体效果。

上冠层和下冠层乔木

　　冠层是结构化种植中体量最大的部分。你可以围绕现存乔木进行设计，但是如果你决定自己种一棵乔木，要记住你很可能是在为下一代种它。下面是一系列我喜欢在自己的设计中使用的乔木。

▲ 连香树
它是我喜欢的落叶乔木之一，也是多干式树种的好选择，可以长到大约12米或者更高。小巧的心形叶片在秋天变成粉色、橙色和黄色。霜冻来临时，它们还会产生一种独特的焦糖气味，很受孩子们的喜欢。

　　如果你打算种植一棵乔木，无论是为了上冠层还是下冠层，都值得先从实用性的角度思考一番。你想让它长到多高？你想要常绿树还是落叶树？你想要可透过光线的开散分枝，还是遮挡丑陋景色的浓密枝叶？当真正需要的是一棵遮挡邻居视线的卵圆形常绿乔木时，人们却很容易被拥有美丽外形的树木吸引。先确定这棵树的目的是什么，再确定最适合花园空间的形状和特征。

▲ '优雅'栓皮槭
这种植株直立、株型紧凑的卵圆形落叶乔木可以长到10米高。它的用途很多样，我曾将它种成编织绿篱和多干式乔木。它有绚烂的秋色，我很喜欢在绿篱中看到这种色彩。它还非常强悍，可以忍耐大多数土壤类型、干旱和空气污染。

▲ 河桦
这种落叶乔木可以长到18米高。它的肉桂色树皮片状剥落，露出里面的粉色和奶油色。在春天先长出黄色葇荑花序，再生长绿色叶片，秋天叶片变成黄色。它是适合用在潮湿土地上的乔木之一，但是也可以在更干燥和炎热的环境中良好生长。

▲ 紫薇
作为一种可以长到8米高的落叶乔木或灌木，它拥有有光泽的绿色叶片和多干式株型。我在自己的花园里种了这种树，但它在更北的地方较难生长。秋初开鲜艳的粉色或红色花，花瓣多褶皱。

◀榉树

作为一种树形舒展的落叶大乔木, 它的高度可以达到12米以上。和鹅耳枥 (*carpinus*; hornbeam) 颇为相似, 它也有可爱的光滑灰色树皮。绿色卵形叶片有锯齿, 在秋天变为橙黄色。它能在大部分类型的土壤中生存。

◀拉马克唐棣

这种落叶小乔木是我认为每个花园都应该有的植物之一。它可以长到10米高, 而且从春天的星形花到秋天的浆果和火红的叶片, 每个季节都有不同的趣味。在我的花园里, 我将它种植为多干式乔木, 创造出非常漂亮的形状。

◀'伊莲娜'金缕梅

在我看来, '伊莲娜'金缕梅是努力的小乔木之一。在冬天, 它成簇开放的鲜艳花朵让我的脸上浮现笑容, 而且很多花有宜人的香味。这种生长缓慢的落叶小乔木可以长到4米高, 有很棒的秋色叶。

▲欧洲山茱萸

这种落叶小乔木可以长到5米高, 成年植株全年有景可赏而且有漂亮的树皮。在春天, 它开微小的黄色花。在秋天, 叶片先变成红色, 再变成紫色, 而植株结小小的樱桃状浆果。

▲银杏

我真的爱这种树的历史。它是地球上古老的乔木之一。这种落叶树可以长到30米高, 拥有不同寻常的扇形绿色叶片, 叶片在秋天变成鲜艳的黄色。

▲'珠穆朗玛'海棠

这种落叶小乔木可以长到7米高, 漂亮的春花一开始是粉色花蕾, 然后开成白色的花。它在秋天结很多可爱的黄色至橙色小果实, 极具观赏性。它是抗病的海棠之一。

中层灌木

灌木似乎已经过时了一段时间。但是我始终认为，花园，尤其是中等大小的花园，真的得益于灌木全年提供的结构和趣味。下面是一些我喜欢使用的品种，但是也可以尝试其他选择！

除了结构之外，灌木还为多年生植物和球根植物提供了良好的背景。它们还会为空间带来美妙的节奏感。在购买灌木时，人们犯的最大错误是买一棵这个，再买两棵那个，然后在花园里将它们种得太近。几年过后，这些灌木就会变得一片混乱。考虑一下你想让灌木为空间带来什么，形状、尺寸、枝叶、花、气味，以及它们和其他植物的搭配效果。然后将那些最适合你提供的种植条件的种类列出来。

▲ 小花七叶树
这种未得到充分利用的落叶灌木值得更多关注。硕大醒目的叶片在秋天变成各种色调的黄色，夏天开不同寻常的白色花。它只能长到大约3米高，但是有萌蘖习性，所以会长得很宽。我曾见过一棵小花七叶树种植成优雅的多干式树木，并且有修剪整齐的树冠。

▲ 狭叶橄榄柳
我常常将这种落叶柳树用在展览花园里，因为它的质感和形状都很棒。叶片精美细小，似迷迭香，所以尽管这种灌木可以长到3米高，但它从不显得笨重。

▲ 黑果腺肋花楸
这种落叶灌木可以长到4米高，是另一种令我全年为之着迷的植物。簇生白色小花拥有浅粉色雄蕊，花朵凋谢后结乌黑发亮的果实，果可食用。秋色美妙。

▲ '粉安娜贝尔'绣球
我在几年前首次见到这种落叶灌木。它是一个极为精致的粉花品种，最高可以长到2.5米。它会制造大量花期持久的硕大花序。

◀蝴蝶荚蒾

硕大花序的边缘有一圈白色花，这种春花落叶灌木是完美的。花凋谢后结出的浆果增添了另一层乐趣。我很喜欢这种灌木。即使在落叶后，它仍然有鲜明的姿态。它可以长到3米，并且有独特的水平分层树枝。将它种植在规则式空间和不规则式空间之间时，视觉效果会非常棒。

"选择恰当的灌木可以为花园增添结构和出色的节奏感。"

◀双蕊野扇花

这种常绿灌木（或小绿篱）高约1.5米，拥有深绿色披针形叶片和微小的奶油白色花，花的香味强烈，凋谢后结有光泽的黑色浆果。

▲ '凯瑟琳'红瑞木

这种落叶灌木高3米，它的茎在冬天变成黑紫色，而绿色叶片在秋天变成红色。它可以进行重度修剪，刺激新枝生长。

▲ '唐卡斯特'大叶蔷薇

这种落叶蔷薇属植物可以长到1.5米高，并且有长长的拱形枝条，先开鲜艳的粉色花，再结细长的红色蔷薇果。将它用在切尔西的一座花园里之后，我爱上了它。

▲ 俄罗斯糙苏

这是一种长势苗壮而且容易扩散的植物，从心形叶片到高1米且轮生浅黄色花的茎，它全年都有极强的观赏性。覆盖冰霜的种子穗看起来尤其美丽。

▲ 冬阳十大功劳

作为一种让我重新爱上的植物，它拥有莲座状丛生的深绿色有光泽常绿叶片，以及若干香味很浓的黄色穗状花序。它可以长到5米高。

▲ '美丽星'

谁不喜欢山梅花的香味呢？这种株型紧凑的落叶灌木可以长到1.2米高，在春末和夏天覆盖着大量香味浓郁的白色花。叶片深绿色，卵圆形。

宿根植物

在我看来，正是这些植物让你的花园在整个生长季都充满活力。关于宿根植物（包括在这里列出的我最喜欢的一些种类），便利之处在于你很容易削减和更换它们，直到创造出让你满意的组合。有这么多种类可供选择，乐趣无穷。

▲ '印加黄金' 蓍草

这种蓍草可以长到60厘米。它的银绿色叶片搭配其他植物的效果很好。鲜艳的橙色伞形花序最后会变成古铜色。

虽然乔木和灌木的尺寸更大，但是宿根植物（非木本植物）在你的种植方案中占了绝大部分的比例。宿根植物有许多形状和大小，可能是耐寒、半耐寒、常绿或落叶的，或者对于草本宿根植物而言，它们的地上部分每年都会枯死，然后再次出现。思考一种植物在什么时候看起来最棒，并确保它适合你的土壤和气候。你会不可避免地犯一些错误，但只要继续尝试就行了。我现在还在这样做！

厚叶刺芹▶

作为一种可以长到1米高的漂亮、挺拔的植物，厚叶刺芹让你情不自禁地注意它的丛生多刺叶片和粗壮茎秆顶端的圆锥形灰绿色花序。

▲紫苞泽兰

这是一种良好的结构性植物，可以生长在日照或半阴下大多数类型的土壤中。它的高度可达2米，而略呈穹顶状的花序为这种高大的植物增添了一抹秀气。

▲茴香

茴香是一种如此宝贵的植物。它拥有精致、柔软的叶片，可以长到1.8米高，为花境增添有趣的质感。你需要较大空间才能充分展现它的魅力。

▲ '紫花' 阔叶补血草

这种植物有一种海滨感，用在砾石花园中效果很好。它可以长到50厘米，紫色的花开在一簇常绿叶片上方，在阳光下可以改变颜色。

▲ '重金属'柳枝稷

这是一种令人难忘的观赏草,有金属光泽的蓝色叶片直立生长,可以长到1.5米,并在秋季变成黄色。夏季长出一蓬浅粉色花序。在我看来,这种宿根植物在秋天真的很引人注目。

"关于宿根植物,便利之处在于你很容易削减和更换它们,直到创造出满意的组合。"

▲ 比利牛斯山缬草

这种可爱的植物在花境中很有存在感,又不会太过分。在一年当中较早的时候,心形叶片是一道漂亮的景致,不过在1米高的茎上开放的云团状小花才是真正的明星。

◀丹麦石竹

这种茎秆高大的石竹在似禾草的叶片上方开单生洋红色花。它高达40厘米,在花境、长禾草或草甸式种植中的视觉效果很棒。

▲ 柳叶水甘草

这是一种未得到充分利用的植物,可以长到80厘米,拥有星形冰蓝色花和有光泽的绿叶,叶片在秋天变成黄色。

▲ '乔迪'矢车菊

作为一种不惜精力的植物,'乔迪'矢车菊会持续开花,而且似蓟花的梅红色花序可以搭配多种颜色的花境。它可以长到50厘米高。

▲ 单花臭草

这是一种素净的优雅植物,柔软的绿色叶片丛生,可以长到60厘米,叶片上方有精致的浅金棕色种子穗。它甚至可以在干旱背阴处存活。

▲ '霍雷肖'假升麻

这种簇生植物拥有美丽的精致叶片,很容易和其他植物搭配。1米高的茎上生长着小巧的羽毛状奶油白色花序,花逐渐变成古铜色,并在秋季增添一抹趣味。

'谭伯格'西伯利亚鸢尾▶

西伯利亚鸢尾非常可靠,大概是我最喜欢使用的鸢尾类群。它们可以长到90厘米,拥有形似蝴蝶的浅蓝色花。

▲ '伊迪丝·杜兹祖斯'蓝沼草

这种簇生禾草在叶片上方生长高大的花序,高度可达1米。叶片在秋天呈现出美丽的颜色,花序在植株上宿存至年末。

▲ '杰出'密穗蓼

半常绿垫状植物,高30厘米,拥有细长的中绿色叶片和短短的浅粉色穗状花序,花的颜色随着衰老逐渐加深。我喜欢将它用作地被,搭配周围的其他植物。

▲ '优雅'羽叶鬼灯擎

这种漂亮、挺拔的植物可以长到1.2米。叶片质感粗糙,秋季变色漂亮。它在夏天开放几束小巧的粉色至奶油白色星状花。

◀ '大白' 大星芹

'大白' 大星芹高约60厘米, 是适合用在日照或半阴处的一种很棒的中等高度植物。白色的花末端呈绿色, 花期似乎无限长。

◀ '黄皇后' 黄花楼斗菜

这种优雅的植物在硕大的柠檬黄色花朵上长着不同寻常的长距, 植株高度可达90厘米。

◀ 鳞毛蕨

这种蕨类自然生长在潮湿林地中。它拥有很棒的形状和质感, 种在玉簪和禾草旁边时效果非常好。如果我有足够的空间, 我喜欢大量使用它, 并让它与其他植物的叶片形成有趣的对比。它可以长到1米。

◀ 扁桃叶大戟变种

这种生命力很强的漂亮宿根植物可能会表现出一点入侵性, 所以我通常只在干旱背阴处使用它。植株拥有深绿色且颇有光泽的叶片, 可以长到60厘米, 并在春末大量开放醒目且持久的浅黄绿色花。

▲ 多节老鹳草

你可以将多节老鹳草用于大部分环境条件。这种漂亮的植物可以长到大约40厘米, 几乎永无止境地开放粉色至浅紫色花。

▲ 红籽鸢尾

作为两种原产英国的鸢尾属植物之一, 它可以长到80厘米, 拥有有光泽的绿色叶片和小巧的紫黄双色花, 并形成硕大的种荚。它很适合背阴处, 但是如果被人或宠物误食会产生毒性。

▲ 荚果蕨

在春天, 我不确定有没有东西比这种精致的落叶蕨类更加美丽, 此时它会将自己舒展成羽毛球的形状。它的植株高可达1.5米, 为植物配置增添了高度。

球根植物

球根植物是容易种植的植物之一。无论是种植在圃地或花境中，还是在更荒野的区域自然式地种植，它们都很好看。早春时节，我还喜欢将种满球根植物的大容器摆在房子附近，这样就算气温冷得让人不想待在花园里，仍然可以在房子里欣赏它们。

"球根植物"（bulbs）这个词常常用于形容拥有地下养料储存器官的植物，但是从植物学的角度看，球根应该分为鳞茎、块茎、球茎和根状茎。无论你如何称呼它们，它们都带来可爱的季节性惊喜，而且许多种类还有香味。球根植物有各种高度和形状，可在一年当中最早的时候为花园带来一抹色彩，此时某些宿根植物甚至还没开始生长。某些类型的球根植物会年复一年地长出来，甚至还能自播到周围的区域，而另一些类型需要每年更换。

▲ 圆头大花葱
这种喜阳植物可以长到80厘米。它在细长而结实的花茎顶端生长紫绿双色的小巧花序，为花境增添可爱的颜色和运动感。我喜欢将它们与禾草种在一起，并让它们流畅地贯穿我的花境中，仿佛是自播形成的一样。

▲ '米诺鱼'水仙
这种微型水仙可以长到20厘米，每支花茎上簇生两朵至四朵浅黄色花。它喜欢阳光充足的背风处，扩散能力强，每年的规模都会增长。

▲ 小花仙客来
这些坚强且秀丽的粉色花可以长到10厘米，开在圆形绿色叶片上方，看上去十分美丽。它们非常适合搭配雪滴花和铁筷子。

▲ 夸马克美莲
拥有可以长到80厘米的穗状花序，上面布满蓝色星状花，这种克美莲属植物非常适合种植在长禾草中。种在草甸或花境中效果也很好。

◀冬菟葵

这种体型微小的植物只能长到10厘米,尺寸不够,颜值来凑。它最适合种植在半阴处,是为花境增添艳丽色彩的有效方式。它的爆发力很强,从不让我失望。

▼渐变番红花

我喜欢同时使用这种番红花属球根植物的多个品种,营造多彩的"混合时髦感",这会在早春创造出真正的视觉焦点。我还喜欢将它们自然式种植在草坪上,因为它们比较矮,只能长到10厘米,而且不像某些球根植物那样在开完花之后显得很邋遢。

▼网脉鸢尾

由于这些鸢尾很小,最高只能长到10厘米,所以我喜欢将它们群植在陶土花盆里。当枝叶在冬末穿透土壤时,我将花盆转移到自己每天经过的地方,便于欣赏它们欢快的花朵。它们在砾石种植中也有很好的效果。

▲野郁金香

这种原生郁金香是我喜欢的球根植物之一。它的香味会让你不由自主地俯下身来。它高约30厘米,我将它种在我的果园草地上,因为它没有其他郁金香那么显眼。

▲雪滴花

我爱雪滴花。当永恒的白色花朵出现时,它始终会让人惊喜。我尤其喜欢林地中的它们,而且因为只有15厘米,所以在草地中自然式种植,会有非常好的效果。

▲喇叭水仙

面对曾经给华兹华斯带来灵感的这种秀丽的英国本土野花,你怎么会不爱上它呢?它高25厘米,很容易种植,而且可以通过种子扩散。

攀缘植物和贴墙灌木

攀缘植物真的很适合用于覆盖边界墙壁和栅栏，以及为拱道和藤架增添趣味。一些是常绿的，而另一些是落叶的。如下所示，两种类型都有我喜欢的种类。

使用攀缘植物和贴墙灌木覆盖垂直表面，这是柔化花园中的硬质景观元素并增强气氛的好方法。攀缘植物和地面的接触面积通常很小，要么可以直接攀爬垂直表面并支持自己，要么需要额外结构如框格架子或铁丝网供它们攀爬。攀缘灌木又称贴墙灌木，通常需要更大的生长空间，而且它们不会自然攀缘，需要运用精心的修剪和绑扎提供部分支撑，刺激它们向上生长。

▲ '保罗的喜马拉雅麝'月季
作为非常漂亮的落叶藤本月季之一，这个品种尤其健壮，成簇开放秀丽的浅粉色重瓣花，花的香味很浓。种植之前，确保你会将它放在支撑结构中供其攀爬。

▲络石
这种优雅的攀缘植物拥有整齐而有光泽的常绿叶片，非常适合用来覆盖墙壁。在夏天，它开满成簇的星状白花，花有浓郁的香味。它有缠绕生长的习性，在垂直的铁丝网上效果很好。除了早期的一点帮助，它不需要多少整枝或修剪。

▲紫葛
一到秋天，这种落叶攀缘植物的深绿色叶片就会变成壮观的红色、橙色和紫红色。它生长迅速，枝叶茂密，所以最好单种种植，否则它会淹没其他植物。你需要将枝条绑在框格架子或者支撑物上。

▲紫藤
每一年，我都期待着自己的紫藤开花的日子，看着一长串花蕾布满枝头，然后突然开放，创造出一面浅紫色的瀑布。贴墙整枝或者攀爬在结实的藤架上时，这种生长迅速的落叶植物显得十分美丽。

◀台尔曼忍冬
这是一种不同寻常的忍冬属植物,成簇开放的花没有香味,呈琥珀色并泛有红晕。作为一种落叶攀缘植物,它的枝叶繁茂且缠绕生长,需要支撑。

◀'艺伎'贴梗海棠
花期比其他观赏木瓜晚,'艺伎'是落叶植物,有漂亮的杏色至粉色花,并且株型紧凑。果实可以保留到冬天。

◀冠盖绣球
这种自攀缘落叶植物是长期以来深受欢迎的宠儿,拥有茂盛的绿色叶片,并在夏天开美丽的白色花。就连冬日的枯枝也很漂亮。它可以在背阴处良好生长。

▲丝缨花
一种高大的常绿灌木,拥有深绿色且颇具光泽的叶片和大量丝绸般的灰绿色细长葇荑花序,花序长达30厘米,生长在雄株上的尤其令人难忘。它更喜欢避开寒风的向阳背风处。

▲'凯菲兹盖特'腺梗蔷薇
这种落叶藤本蔷薇的高度可以达到10米以上。有香味的白色花出现在夏末,然后结小小的橙红色蔷薇果。如果你有一间破旧的棚屋供其覆盖或者一棵大树供其攀爬,它会创造奇迹。

▲花叶地锦
这种落叶攀缘植物可以长到10米以上的高度,丝绒质感的深裂叶片有银色脉纹,并在秋天变成深红色。如果种在阳光充足的地点,秋色最为艳丽。

一年生、二年生和短命植物

寿命只有一年或两年的植物是在不用投入长期种植的情况下试验形状和颜色的好方法。选择当然很多，但这里列出的一小部分是我的最爱。

▲美花烟草
拥有高高的茎、茂盛的叶片，以及成簇开放、十分醒目的白色管状花，这种植物非常吸引眼球。它在夜晚散发的浓郁香味还会让你停下脚步。

很多一年生、二年生和寿命有限的植物可以使用种子种植，这是一种廉价、活泼的种植方法。我常常用它们填充种植方案中的空隙。例如，当我在一段较长的时间里营造花境时，或者当我在等待灌木长大的时候。我还喜欢使用二年生植物过量播种，然后放任它们自己生长，这会让种植方案看起来更加自然。

杂交紫毛蕊花▶
又高又长的穗状花序在花境中起到增加竖向结构的作用，这种混合种子会制造一系列可爱的色彩。

▲大阿米芹
大阿米芹有点像是更雅致的峨参，纤细的叶片好似蕨类，叶上方形成丰富的精致白色伞形花序。

▲毛地黄
作为野外的一道常见景致，毛地黄散生于林地和种植在花园里同样漂亮。它们是二年生植物，所以连续两年种植以保证连续开花。

▲芒颖大麦草
修长的银色种子穗会逐渐变成粉色，让这种短命的禾本科植物值得被更多人种植！我喜欢在砾石种植中使用它。春季或秋季播种皆可。

▲'吉杰尔小姐'黑种草
这种漂亮的天蓝色一年生花卉拥有纤细的叶片，非常适合用于村舍花园。和香豌豆（参见右页）一样，它可以用作美妙的切花。

◀ 柳叶马鞭草

柳叶马鞭草的茎细长坚硬，可以长到1.8米，顶端开紫色小花。因为它精巧的结构，这种有时短命的宿根植物可以填进花境里的几乎所有地方，而且如果环境适宜，还会大量自播。

▼ 欧白芷

这种植物拥有真正强大挺拔的形态，这就是我喜欢将它种在自己花园里的原因。别害怕将一株欧白芷种在花境前部。花凋谢之后，种子穗仍然提供强烈的结构感。

▼ 银扇草

银扇草在春末开漂亮的淡紫色或白色花，但最出名的恐怕是半透明的银色至金色种荚。它是二年生植物，所以值得在头两年连续播种，此后它将自播繁殖。

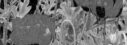

▲ 香豌豆

香豌豆容易用种子种植，不过你可以省下这一步，在春天购买幼苗。它们有许多种颜色，而且大多有浓郁的香味。

▲ 瓢虫罂粟

这种罂粟属植物拥有硕大、鲜艳的红色花朵，花瓣基部有一个黑色斑块。它很容易种植，只需要在春天播撒种子。

▲ 蕾丝花

耐寒一年生植物，开秀丽的蕾丝状花，可在春季播种，但是如果秋季播种并越冬的话，开的花更大。

▲ 大凌风草

一种很棒的低矮禾草，我喜欢将其种植在花境前部。它拥有细长的叶片和吊坠形花，微风吹拂下，花与光线产生美丽的互动，并为花园增添动感。

绿篱

如果有种植它们的充足空间，绿篱是让花园边界消失的最佳方法。除了隐藏已有的栅栏，它们自己也能创造边界。取决于你选择的植物种类，一道绿篱可以形成衬托花境种植的良好背景，也可以成为鸟类的绝妙栖息地。

如果你决定种植一道绿篱，那么选项有很多，包括我在这里提到的那些，所以你要认真考虑自己想从中获得什么。它将隐藏栅栏，为你的种植方案充当背景，还是吸引野生动物？还要考虑审美。你是想要常绿植物构成的恒常背景，还是想要随着季节变化的落叶植物？无论选择什么，都要确保它适合你提供的环境条件。看看哪些绿篱植物在你的当地区域生长良好，这样做总是值得的。最后还要考虑高度，确保它不会将太多阴影投射在你或者邻居的花园里。

▲ 狗蔷薇
狗蔷薇是生长迅速的落叶植物，并且可以适应多种不同的生长条件。它会形成无法通过的多刺灌丛，还可以成为混合绿篱的一部分。漂亮的粉色花凋谢后，结醒目的红色椭圆形蔷薇果。

▲ 锦熟黄杨
拥有小巧的叶片和茂密的植株，锦熟黄杨是一种出色的常绿绿篱植物。为了避免疫病问题，确保它有良好的通风并得到充足的施肥。

▲ 栓皮槭
对于落叶独立式或混合式原生绿篱，栓皮槭是很棒的选择。叶片在秋天变成鲜艳的黄油色，而且它可以在大多数条件下良好生长。

▲ 欧洲红豆杉
作为一种经典的常绿绿篱植物，欧洲红豆杉无论用在传统花园还是当代花园，看起来都很舒服。它并不像你可能认为的那样生长缓慢。果实对人有毒。

◀欧洲鹅耳枥

虽然看上去和欧洲山毛榉非常相似,但欧洲鹅耳枥是一种吃苦耐劳的植物,适应贫瘠土壤和暴露环境的能力强得多。虽然和欧洲山毛榉相比,它在冬天损失的叶片稍多一点,但叶片在秋天会变成各种漂亮的黄色至橙色。它是一种非常柔韧的植物。

▼欧洲山毛榉

欧洲山毛榉因其边缘呈波状的嫩绿色美丽叶片出类拔萃。严格地说,它被归为落叶植物,但是它的老叶会留在植株上,直到被新叶推开脱落。叶片在秋天变成迷人的铜色。

▼黑刺李

黑刺李可以形成一道浓密多刺的落叶绿篱,布满尖锐的刺,并且在年初开大量白色小花,秋季则结大量黑刺李果。它也很适合作为混合绿篱的一部分。

▲单子山楂

单子山楂可以生长在几乎所有地方。它是落叶植物,叶片小巧有光泽,白色花有香味,结可爱的红色浆果。它是供鸟类筑巢的好植物。

▲欧榛

欧榛是一种漂亮的灌丛状落叶绿篱植物,可以创造一道不规则但茂密的屏障。它在大多数环境中生长良好,并且对暴露地点有适应能力。你还可以收获大量榛子!

▲卢李梅

和真正的月桂相比,这种常绿植物拥有尺寸更小、颜色更深的叶片,形成一道整洁、茂密、生长迅速的绿篱。它很适合充当种植方案的背景。

混合花境

许多植物的理想生长环境都是一样的,不要有太多阳光或背阴,不过于干燥或潮湿。在普通条件下,你可以享受众多植物的乐趣。我选了一些自己喜欢的种类,它们可以在各层次完美地结合起来。之后,我将展示如何让它们形成整体。

"这个设计提供的丰富趣味将从整个夏天一直持续到秋天。"

我的设计

这里的植物组合提供了色彩、质感、良好的趣味,以及贯穿整个花境的节奏感。对于图中未显示的球根植物层,我选择了早花水仙和引人注目的圆头大花葱。

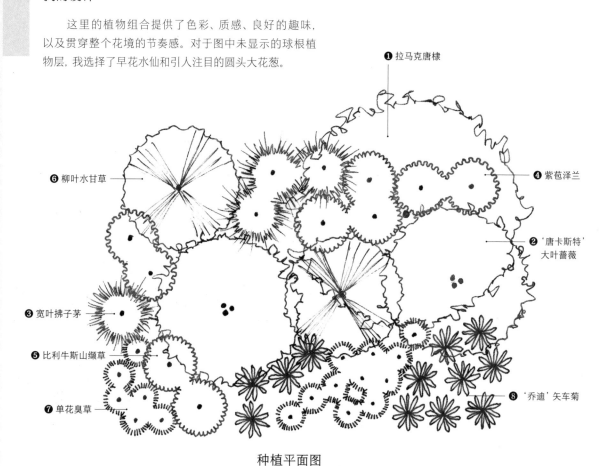

❶ 拉马克唐棣

❻ 柳叶水甘草

❹ 紫苞泽兰

❷ '唐卡斯特'大叶蔷薇

❸ 宽叶拂子茅

❺ 比利牛斯山缬草

❽ '乔迪'矢车菊

❼ 单花臭草

种植平面图

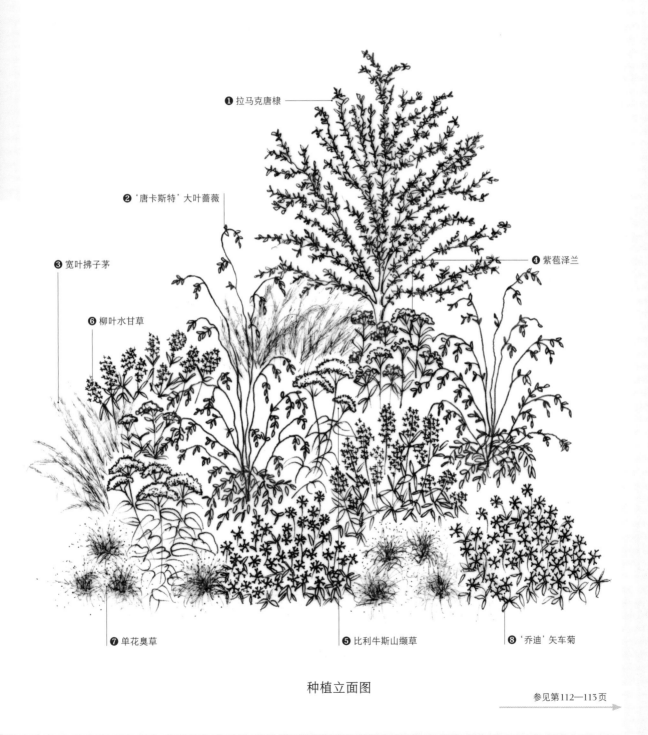

❶ 拉马克唐棣

❷ '唐卡斯特'大叶蔷薇

❸ 宽叶拂子茅

❹ 紫苞泽兰

❻ 柳叶水甘草

❼ 单花臭草

❺ 比利牛斯山缬草

❽ '乔迪'矢车菊

种植立面图

参见第112—113页

我的工作方法

在这里，我先从下冠层开始，用它提供结构并为花境的其余部分充当跳板。我在寻找贯穿圃地的节奏感，并使用有反差的叶片和形态创造趣味性。

拉马克唐棣

❶ 首先，冠层

我使用了一棵拉马克唐棣（高3～5米），它大概是我最喜欢的小乔木，不只是因为它的形状，生长习性是扩散式的，还因为它的叶片，年初萌发时呈古铜色，最后还会变成美丽的红色。接下来，我在考虑这棵树前方的形状和形态。我想将它框住一部分但又不至于遮挡它，所以轻盈通畅的种植风格能够实现这种效果。我想让这棵树前面的种植是直立的，但高度低于这棵树，并提供色彩、形态和动感。那么接下来，我应该首先确定构成下一层次的三种植物（见步骤2、3和4）。

❷ 下一个层次

我的第一种灌木是'唐卡斯特'大叶蔷薇，它将长到大约1.8米，并拥有美妙的拱形株型。我可以想象它好像是从其他植物中长出来的样子，增添细节并提供良好的形态。它拥有可爱的叶片和花，但我最喜欢的特征是整个冬天都挂在枝头的橙红色酒瓶形蔷薇果。

'唐卡斯特'大叶蔷薇

❻ 添加另一种形状

到目前为止，大部分植物都是拱形或直立状态，所以现在我想添加一种更加圆润的形态，并令其居于场景中央，与此同时提供叶片的对比。柳叶水甘草正好能满足这个需求，它拥有轻盈通透又十分整齐的柳叶状叶片。在精致的浅蓝色星状花凋谢之后，这种植物用叶片的金黄秋色为一年画上句号。花境现在真正开始成形了，构成了季相、色彩、质感和形态的良好融合。

柳叶水甘草

❼ 开始增添细节

现在我的注意力转向花境前部的细节，在这里，我想呼应空间后部的形状。我以单花臭草的形式借用了圃地后面的垂直线条，这种禾草将提供节奏感、动感和生命力。整齐的丛生浅绿色叶片和谷粒般的花在微风中优雅地摇动，它是那种真正让你忍不住触摸的植物之一。

单花臭草

宽叶拂子茅

❸ 增添对比

在大叶蔷薇后面，我需要良好的趣味性和对比，所以我对禾草的强烈垂直线条产生了兴趣。宽叶拂子茅非常合适。首先，因为它是一种强健的植物，拥有可靠的簇生习性和明显的垂直线条。第二，因为它在冬天有蓬松的淡紫色花序，看上去非常漂亮。对于大叶蔷薇，它还能起到良好的过滤作用。

❹ 构建节奏感

在紧邻禾草的地方，花序平整的植物效果很好，而且我还想要某种非常直立的植物。我仍然在考虑花境的后部，但是我想让节奏感向前推进，于是在花境后部和更靠近前部的另一侧添加了紫苞泽兰。它是稳定可靠的簇生植物，拥有硕大的平圆顶形花序。

紫苞泽兰

❺ 更多对比

现在我想为花境前部带来高度，并增添叶形上的对比。比利牛斯山缬草非常适合。光是它的硕大心形浅绿色叶片就足以令人眼前一亮。叶片上方大约1米处是大团簇生的浅粉色花，但是仿佛蓬松云朵的种子穗大概才是这种植物最让我喜欢的部位。

比利牛斯山缬草

'乔迪'矢车菊

❻ 构建细节

我还想增添漂亮的季节性鲜花，而且我需要一种和其他植物形成反差的强韧植物。这种矢车菊属植物会在毛茸茸的灰绿色叶片上方开一整个夏天的花。形似蜘蛛的花呈深酒红色，像是一瓶上好的红葡萄酒。花凋谢后，种子穗还能提供好几个月的观赏性。

春花球根植物

在球根植物层，我想在一年最初的时候拥有美丽的色彩，以及为整个花境增添细节和节奏感的植物。3月至4月开花的兰花水仙提供我想要的色彩。它是一个古老但经典的品种，和普通的水仙很不一样。它拥有绿白色的花蕾，从中长出数朵相当香的雪白色花朵，散发出甜香气味。

兰花水仙

圆头大花葱

夏花球根植物

最后，我加入了圆头大花葱，我喜欢将它与禾草搭配使用。在这里，我种植的是较大的簇生植株，然后让这种球根植物从这里自由扩散。紫红色卵圆形花序出现在7月至8月，着生在细长的花茎顶端。就算花枯萎干枯，这种植物的种子穗在进入深秋之后仍然饶有趣味。

背阴花境

当你拥有背阴环境条件时，能够繁茂生长的植物种类就会变得稍微有限一些。话虽如此，你仍然可以使用许多美丽的植物创造出一片郁郁葱葱的小绿洲。我设计了一个结合质感、绿色色调和浅色花朵的种植方案，可以真正地改善背阴区域。

"我使用了各种不同的叶片质感和颜色，为幽暗的角落带来生机。"

我的设计

我选择的所有植物都必须努力生长，尤其是对于背阴区域。我将为你介绍如何将它们组合起来（参见第116—117页）。对球根植物的选择很简单。冬菟葵和雪滴花被连续大片种植，并在花境外边缘处有更宽的间距。

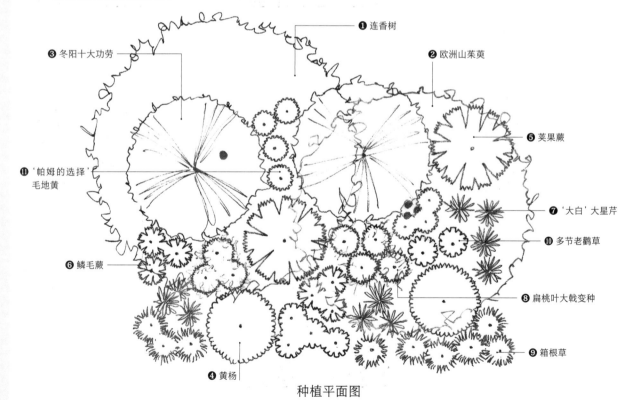

❶ 连香树
❷ 欧洲山茱萸
❸ 冬阳十大功劳
❺ 荚果蕨
⓫ '帕姆的选择' 毛地黄
❼ '大白' 大星芹
❿ 多节老鹳草
❻ 鳞毛蕨
❽ 扁桃叶大戟变种
❾ 箱根草
❹ 黄杨

种植平面图

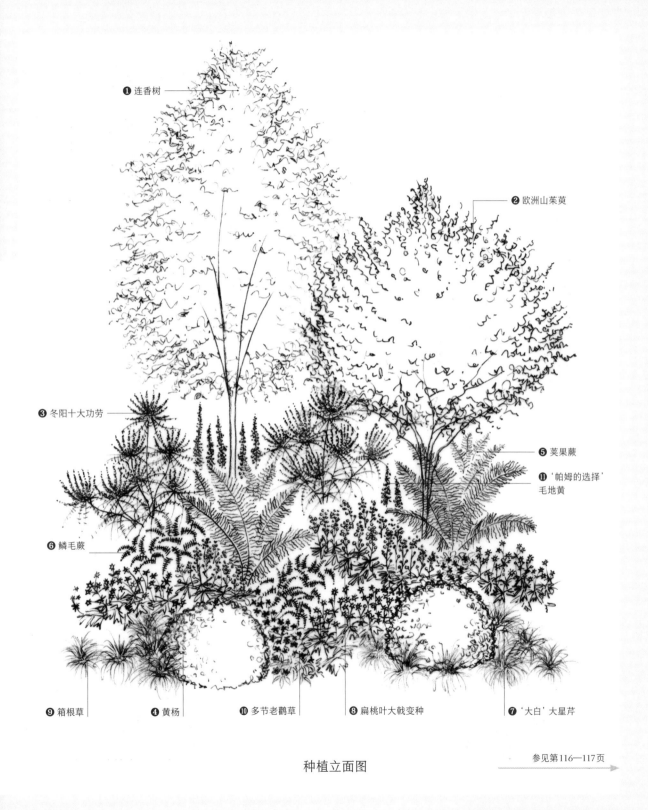

❶ 连香树

❷ 欧洲山茱萸

❸ 冬阳十大功劳

❺ 荚果蕨

⑪ '帕姆的选择' 毛地黄

❻ 鳞毛蕨

❾ 箱根草

❹ 黄杨

❿ 多节老鹳草

❽ 扁桃叶大戟变种

❼ '大白' 大星芹

种植立面图

参见第116—117页

我的工作方法

一如既往，我按照从上到下的顺序安排各个层次的植物，挑选不同的质感和色调，并将各种色彩和季相穿插其中。

连香树

❶ 首先，冠层

连香树的多干式树形会稍微限制林冠的最大高度，并为花境添加提供斑斓树荫的上冠层。这种树拥有非常漂亮和有趣的叶片，在春天显得清爽新鲜，在整个夏天都洋溢着温暖的氛围。它的叶片还有可爱的形状，容易和下一层次的种植形成对比。秋季带来绚烂的色彩，而且冰霜降临时还有美妙的惊喜，届时这种树会散发焦糖的香甜气息。

欧洲山茱萸

❷ 接下来，欧洲山茱萸

欧洲山茱萸是一种强健的小乔木，它和连香树很相称，因为它的绿色椭圆形叶片可以和前者形成良好的对比。我使用了一棵多干式植株以展示更多树皮，老茎上的树皮出现橙棕色鳞片状小块，在冬天有很强的观赏性。小簇黄花开在一年当中极早的时节，然后在秋天结深红色果实。

❻ 创造节奏感

然后我将鳞毛蕨添加到距离茱果蕨较远的地方，虽然它们的叶片颜色不同，但它们开始在花境中创造出节奏感。我添加鳞毛蕨的另一个原因是，它长势健壮，是一种永远不会让我失望的经典植物！

鳞毛蕨

'大白'大星芹

❼ 增添色彩

我的下一步是色彩，但是再强调一次，这种植物必须不遗余力。我添加了'大白'大星芹，不只是因为它的针垫状花，主要呈白色并在花瓣末端渐渐变成绿色，还因为它可爱的基生掌裂叶，与蕨类的叶片形成了良好的对比。

❽ 地被

在背阴区域，我还要考虑地被。在我看来，将扁桃叶大戟变种用在背阴空间是自然而然的选择。我使用这种植物，首先是因为枝叶形状，深绿色叶片在长长的茎上呈莲座状排列，这些叶通常是常绿的。叶片上方，黄绿色圆形花在春天开放，在幽暗区域的视觉效果非常好。

扁桃叶大戟变种

❸ 增添有力的形态

冬阳十大功劳用在灌木层中效果良好，因为它呈现出有力而挺拔的形态，它深绿多刺的叶片不但提供良好的趣味性，还为下一层次的种植提供了可供依傍的形态。作为额外福利，它还有漂亮的冬花和香味，不过我在这里使用它，主要是为了它的形态。

冬阳十大功劳

黄杨

❹ 视觉联系

在灌木层，我将经过修剪的黄杨球用在花境前部。它拥有常绿叶片，提供和冬阳十大功劳的视觉联系，此外还提供强有力的形态和视觉吸引，以便在周围开始种植其他植物。在更大的花境里，你可以使用它们创造节奏感和动感。

❺ 提供质感

宿根植物构成下一层，而色彩并非唯一的考虑因素。这一点尤其适用于背阴区域，质感在这里效果突出，所以蕨类是我添加的第一种植物。荚果蕨为花境提供高度和浅黄绿色叶片，在背阴区域的效果非常突出。在我看来，这种植物在年初展开蕨叶时真的非常令人兴奋。

荚果蕨

❾ 垂直形态

现在我要添加一些垂直方向的形态和动感。禾草很适合这个目的，而我在这里选择的是箱根草，它是一种可爱的圆丘形鲜绿色禾草。它在仲夏开轻盈的花。你还可以得到美观的秋色，而且它会和叶片小巧的黄杨形成出色的对比效果。

❿ 增添细节

接下来，我要开始考虑前部的细节，或许可以再增加一点颜色。多节老鹳草花朵小巧，可以长成半常绿植物。它有蔓延习性，浅绿色三裂叶片带来一丝新鲜感。它的花期也很长，春末开始开花，而我在初秋见过它仍然在开花。

'帕姆的选择'毛地黄

⓫ 缤纷色彩

现在我要来到宿根植物的后端，但是花境在这里仍然可以有更多垂直方向的趣味和色彩。'帕姆的选择'毛地黄很适合我的需求，因为它可以为种植方案带来一种自由感。我想让花境感觉自然，而这些二年生植物会扩散到适合它们的地方，坦白地说，这样得到的效果总是比人为种植的更好。

箱根草

多节老鹳草

干热花境

有些花园本身的自然条件就非常干旱，或者经常遭受干旱侵袭，在这样的花园里创造花境可能是一项挑战。不过，有许多美妙的植物可以依靠少得惊人的水生存。我使用耐旱植物设计了这个花境，它们遍布各个不同的层次，并产生良好的整体效果。

"群植植物在花境中重复出现以保持平衡，并创造出一种富有节奏的自然效果。"

我的设计

这个设计展示了不同的植物层次，并使用重复和群植的方式产生节奏感和平衡感。我选择的球根植物（图中没有显示）是一种在干旱土壤中长势尤其好的葱属植物和一种美丽的土耳其郁金香。

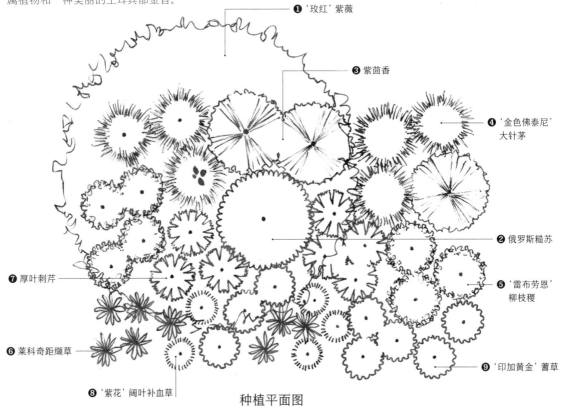

❶ '玫红' 紫薇

❸ 紫茴香

❹ '金色佛泰尼' 大针茅

❷ 俄罗斯糙苏

❼ 厚叶刺芹

❺ '雷布劳恩' 柳枝稷

❻ 莱科奇距缬草

❾ '印加黄金' 蓍草

❽ '紫花' 阔叶补血草

种植平面图

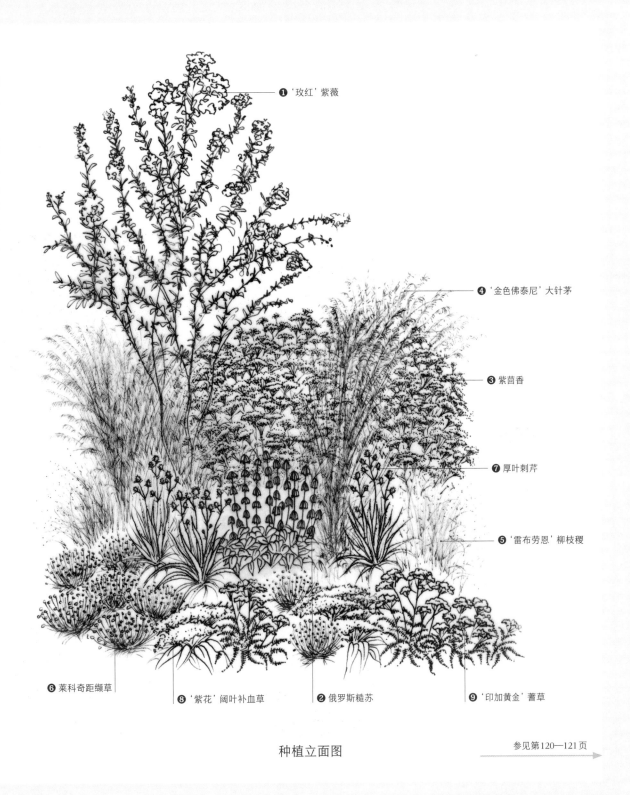

❶ '玫红'紫薇

❹ '金色佛泰尼'大针茅

❸ 紫茴香

❼ 厚叶刺芹

❺ '雷布劳恩'柳枝稷

❻ 莱科奇距缬草

❽ '紫花'阔叶补血草

❷ 俄罗斯糙苏

❾ '印加黄金'蓍草

种植立面图

参见第120—121页

我的工作方法

壮观的乔木下冠层为这个花境奠定了基础。我在这个框架中添加了不同的形状和高度，并使用颜色、运动和质感创造趣味和提供对比。

❶ 首先，冠层

起点是这棵'玫红'紫薇，它为这个干燥花境真正奠定了基础。我将这种树种植为多干式，效果十分出众。它是逐渐填充花境剩余部分的枢纽点。它拥有奇妙的剥落状树皮，夏末开多褶皱的纸质花。

❷ 有力、简单的形状

接下来，我想在花境中使用有力而简单的形状拉近乔木和地面的距离，提供这种形状的是俄罗斯糙苏。它拥有相当圆润的株型，但是会随着时间扩张。它的灰绿色心形叶片拥有粗糙的质感。坚硬的直立茎上轮生黄色兜状花。在冬季覆盖冰霜时，这种植物看上去也很漂亮。

'玫红'紫薇

俄罗斯糙苏

莱科奇距缬草

❻ 增加对比

现在我有了一定的运动感和节奏感，但是我还想增加趣味和对比，于是我开始寻找某种能够利用俄罗斯糙苏独特形状的植物。我在前景添加了莱科奇距缬草，它拥有强大有力的形状。有光泽的狭长披针形灰绿色叶片和俄罗斯糙苏的颜色非常匹配，而它们的质感提供了对比。

❼ 醒目挺拔

这个花境现在真的开始成形了。我想让它拥有某种真正吸引眼球的挺拔植物。厚叶刺芹就是这种能让你停下脚步的植物。虽然它的尺寸不大，但是边缘带锯齿的常绿剑形叶片让它显得非常挺拔。花期持续一整个夏天，柔软的绿白色花开在叶片上方大约1米处。

❽ 创造运动感

现在，我考虑用叶形创造运动感，而且最后的两种植物需要非常不同。我在希腊见过野生的补血草，所以我知道它将和我选择的其他植物一起良好生长。它拥有硕大的莲座状叶丛，叶片宽阔，革质，深绿色，并会变成古铜色或红色。7月至8月，飞沫般的浅紫色花序生长在细长坚硬的茎上。

厚叶刺芹

'紫花'阔叶补血草

紫茴香

❸ 形态和高度

在花境后部，我开始考虑高度。我希望它是轻盈且似羽毛的，这让我选择了紫茴香。它在花境后部提供强有力的形态。颜色较深的似蕨叶片能够和其他植物形成有趣的对比。夏天，黄色小花构成顶部平整的花序，吸引蜜蜂。它的叶片真的很适合搭配禾草的垂直线条，带来一种轻盈、通透的感觉。

❹ 季相

接下来，我沿着花境的后部添加了一些'金色佛泰尼'大针茅，从而将形态推向前景。我在思考生长季的长度，而常绿的'金色佛泰尼'大针茅很适合用在这里，因为它一直到冬天都提供观赏趣味。这种植物的花茎可以长到3米，金色花序在光照下显得分外美丽。

'金色佛泰尼'大针茅

❺ 连续性和节奏感

然后，我打算使用另一种禾草增添连续性和节奏感，与此同时提供某种略有不同的东西。'雷布劳恩'柳枝稷做到了这一点。它拥有强烈的垂直结构和令人瞠目的秋色。一年刚开始的时候，它拥有直立的绿色叶片和零散簇生的绿紫双色小穗，然后随着秋天的到来变成浓重的深红色。

'雷布劳恩'柳枝稷

❾ 柔软的质感

然后我想增添一种更柔软的质感，于是对蓍草产生了兴趣，在我看来，这种小型植物会不遗余力地营造出色的效果。'印加黄金'这个品种是低矮健壮的植物，拥有质感柔软的银绿色叶片。花期持久，叶片上方的金黄色扁平花序可以持续一整个夏天。

球根植物层

最后，我选择的球根植物反映了这样一个事实，即我想增添一些熟悉又陌生的细节。棱叶韭不是常见的葱属植物。它的开花时间稍晚于许多葱属植物（6—7月），在蓝色球形花序出现之前，狭长的绿色叶片会先枯死。它和多种颜色配合良好，而且在砾石花园中效果出色。最后，我想在一年当中更早些的时候添加一点趣味，而且我

土耳其郁金香

非常喜欢土耳其郁金香这个物种。顾名思义，它来自土耳其，所以我知道它会和种植方案中的其他植物相处融洽。它美得令人惊叹。灰绿色叶片上方开放星形象牙色至奶油色花，花心呈深黄色。它们通常高20～30厘米，甚至有一点香味。

'印加黄金'蓍草

棱叶韭

潮湿花境

如果你发现自己的土壤非常潮湿，最好不要费心费力地去改造它。我使用一系列喜湿植物设计了这个方案，让它们在花境中相得益彰，全年提供应季色彩和趣味性。

> "有很多非常出色而且不介意潮湿环境的植物可供你种植。"

我的设计

伴随形状、姿态和色彩的对比，这个种植方案将在日照或半阴处的中度潮湿环境下表现良好。在这些植物的下方，但图上没有标出，我添加了一种漂亮的雪片莲属植物提供春花，并用一种克美莲属植物增加生长季中期的色彩和高度。

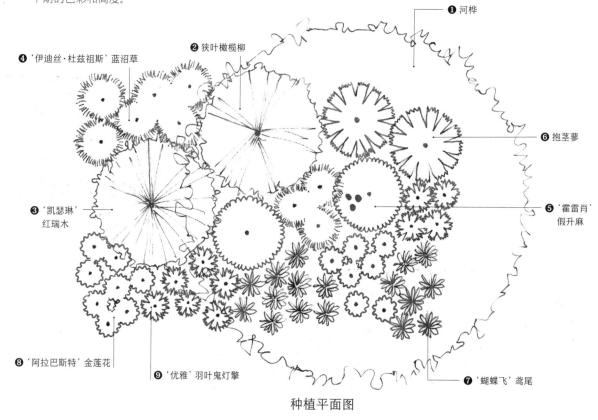

❶ 河桦

❷ 狭叶橄榄柳

❹ '伊迪丝·杜兹祖斯' 蓝沼草

❻ 抱茎蓼

❸ '凯瑟琳' 红瑞木

❺ '霍雷肖' 假升麻

❽ '阿拉巴斯特' 金莲花

❾ '优雅' 羽叶鬼灯擎

❼ '蝴蝶飞' 鸢尾

种植平面图

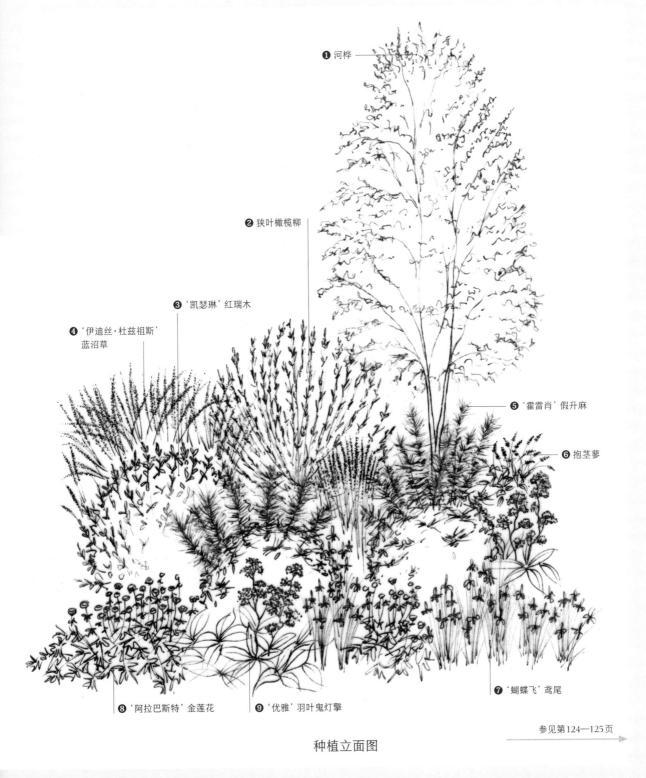

❶ 河桦

❷ 狭叶橄榄柳

❸ '凯瑟琳'红瑞木

❹ '伊迪丝·杜兹祖斯'
蓝沼草

❺ '霍雷肖'假升麻

❻ 抱茎蓼

❼ '蝴蝶飞'鸢尾

❽ '阿拉巴斯特'金莲花

❾ '优雅'羽叶鬼灯擎

种植立面图

参见第124—125页

我的工作方法

我想尝试将这棵乔木向下引入花园，并使用强有力的形态平衡垂直线条。以此为起点，我开始向一侧塑造形状。虽然我想要良好的高度和形态，但不想让形状过于沉重。在两棵灌木之间，我重复使用了来自后部的禾草，它们将提供良好的运动感，并与花境中央形成反差。

❶ 冠层

上冠层始于河桦，这棵树提供了构建花境剩余部分的基础。它是落叶树，可以长到大约15米高。我喜欢将它作为多干式树木使用，因为它有一种轻盈感和通透感，而且蓬乱的树皮有惊人的色彩。

河桦

狭叶橄榄柳

❷ 添加形态

我选择这两种灌木，不只是因为形态，还因为它们可以被抑制生长，所以如果我需要的话，可以控制它们的生长。第一种是狭叶橄榄柳，它是我喜欢的柳树之一。我喜欢它似迷迭香的叶片，很适合在旁边种植别的植物。它还提供金黄的秋色，而且枝条在冬天泛古铜色。

❻ 平衡高度

看着花境后部右边的空隙，我想用某种植物平衡禾草的高度，而且想要更多色彩。抱茎蓼是完美的选择。从仲夏至初秋，它会长出长长的瓶刷状花序。这种植物提供强烈的垂直线条，而且蜜蜂和其他昆虫都非常喜欢它。

❼ 夏季之趣

在花境前部，我真的很想用鲜花和叶形发展夏季的观赏性。这种鸢尾不但提供色彩，还提供垂直线条，与花境后部的种植形成联系。花呈蓝紫色并从中央伸出白色垂瓣，而且花有许多细节可供玩味。

❽ 增添对比

我选择的下一种植物是一种金莲花，它拥有最华丽的浅黄色球形花朵。它们魅力非凡。这些植物能够和'蝴蝶飞'鸢尾以及'霍雷肖'假升麻形成美妙的对比，令生长季中期的花境精彩纷呈。

抱茎蓼

'蝴蝶飞'鸢尾

'阿拉巴斯特'金莲花

❸ 季相

在狭叶橄榄柳旁边，我种了一棵'凯瑟琳'红瑞木。在夏天，它可以提供良好的背景，而在冬天，它将真正展示自己的特色，并与河桦十分相称。在夏天，卵圆形叶片呈绿色，然后在秋天变成浓郁的酒红色。在冬天，茎变成深紫色。

'凯瑟琳'红瑞木

❹ 色彩和运动

有了前三种植物提供结构，现在我真正想做的是添加色彩和运动。在后部，我使用'伊迪丝·杜兹祖斯'蓝沼草增添了十分有效的垂直线条。我喜欢花序高耸于整齐的基生叶片之上的样子，在秋天效果非常出众，而且有美妙的光影效果。它和'凯瑟琳'红瑞木构成绝佳的对比。

'伊迪丝·杜兹祖斯'蓝沼草

❺ 增添趣味

接下来，在花境中央，我试图在两种灌木前方营造趣味。我想让下一批植物的高度只有后部植物的二分之一至四分之三，而且拥有不一样的叶片。'霍雷肖'假升麻真的很适合用在这里。它拥有细裂叶片和红色花茎，在背后灌木的映衬下效果出众。

'霍雷肖'假升麻

❾ 叶片质感

这里的最后一种宿根植物必须拥有令人很感兴趣的叶片，于是我选择了'优雅'羽叶鬼灯擎。它的簇生古铜色叶片真的令人眼前一亮，而且提供浓郁的秋色。叶片真的优雅且漂亮，带有一种美丽的质感，吸引人们的视线。此外，它还在夏末开浅粉色至奶油色花。

'优雅'羽叶鬼灯擎

球根植物层

在球根植物层，我考虑的是色彩、细节和垂直线条，想让这些元素散落在整个花境。我种下一大丛球根植物，然后让种球从这里自然扩散。我选择的第一种球根植物是雪片莲，它在拱形花枝上开白色钟形花，花瓣末端呈绿色。它在4月和5月开花，令我想起雪滴花的美。最后但绝非最不重要的一点是，我想用一种颜色搭配在生长季中期开花的植物。除了本土物种，我最喜欢的球根植物就是克美莲。它们是高大的簇生多年生植物，有一种庄严之感。大量星状花构成的尖顶状花序让植株呈现出强烈的直立线条。这种植物在3月和4月看上去效果最好。

'格拉维特巨无霸'雪片莲

克美莲

检查你的种植愿望清单

一旦从情绪板得到想法并列出你想让自己花园出现的植物种类的愿望清单，就用这张检查单确保植物既适合你拥有的土壤和气候条件，还适合你想营造的气氛。

植物检查单

使用这里的建议作为起点，依次检查愿望清单上的每一种植物。你记下的笔记将帮助确定植物的最佳位置、它将和哪些植物一起种植，或者是否需要完全放弃它。

❶ 场地适宜性

仔细核对植物的养护需求，看看它们能否在你的花园提供的环境条件下正常生长。留意场地的土壤、气候、潜水位、朝向，以及所有小气候（参见第28—29页）。如果不能满足植物的需求，你可能需要考虑将它从愿望清单上删去。

❷ 根系需求

查明这种植物是否需要大量的水，以及在夏天是否需要按照比其他植物更高的频率浇水。你是否需要改良土壤或者定期施肥？根系会扩张到多远？当你为最终选中的植物挑选最合适的位置时，所有这些细节都会很有帮助。

❸ 大小、形状和生长习性

查明这种植物充分生长后的大小。它适合你的空间吗，或者它有没有可能长得太高大，令周围的植物相形见绌？还要考虑植物的生长习性，以及它成年后会是什么形状。它如何支撑自己？它可以进行修剪以满足你的需要吗？它是否密不透光，又或者允许视线穿透？这些细节将帮助你决定花园中植物的最佳种植位置。

你对绿篱的选择将被它的大小、维护需求和季节性外观等因素决定。

落叶树生机盎然的秋色叶提供了
吸引视线的观赏性。

❺ 季节性色彩和趣味

思考随着季节变化，植物可以为花园带来什么趣味。它在叶片、花、浆果、种子穗、树皮或者冬日骨架方面可以提供什么？它的花期有多长，它会重复开花吗？不但要考虑花的颜色，也要考虑叶片、茎或树干、浆果和种子穗的颜色，以及它们在一年中如何变化。它是常绿植物还是落叶植物？它在枯萎时是什么样子？使用这些信息设计一座能够让你全年感受趣味的花园。

最后修订

在这个过程的最后，你应该有一张简短的植物清单，确信它们将在你的花园里生长茂盛并且效果出色。搜集所有信息可能要花一点时间，但是在你创造最终的设计方案时，这一切都会是值得的。

❻ 维护

考虑实用性。是否需要考虑修剪和整枝、短截、摘除枯花和分株？它在时长12个月的周期内需要多少关注？它会自播么？现在查明这些因素总好过后来才发现，例如你将一株植物种在位置尴尬的地点，然后可能会发现自己用修枝剪根本够不着它。

❼ 阴影

不要忘了植物可能对它的邻居（或者你的邻居）产生影响。它会投射阴影吗，如果会，那么阴影有多浓重？它会在隔壁花园投射阴影吗，若是如此，你需要考虑将植物安置在何处，或者令它远离其他更喜阳光的植物。

飞燕草提供高耸的尖顶状花序。

❹ 花的形状

任何花朵的形状都会对整体设计的外观产生影响。植物开的花是尖顶状、伞形、雏菊状、纽扣状、球形、羽毛状、高脚杯状还是喇叭状？做笔记，这样你就知道当植物开花时能指望看到什么。你最终的名单上应该有大量构成对比的花朵形状。

确保你选择的植物在叶形上呈现大量对比。

问问亚当

人们很容易迷失方向并购买自己爱上的植物。然而，要想保证你最终不会稀里糊涂地种一棵这个再种两棵那个，那就好好研究一番，并按照群体而非个体的形式思考植物。下面是一些我常常被问到的问题。

Q 我必须每年重新种植郁金香吗？

理论上，郁金香每年春天都应该重新开花。然而，除了原种郁金香，大多数品种最好每年重新种植，因为出于各种原因，你无法依赖它们年复一年地重新开花。我始终建议在房子附近使用容器种植郁金香，让你每天都能欣赏一抹色彩。而在生长期结束时，它们很容易清除和替换。

锦囊妙计

如何为你的花园迅速添加色彩

如果你想尽快得到一座充满植物的花园，一年生植物是好选择。它们在一年之内生长，结籽，然后死亡，而且许多种类可以迅速长到不小的尺寸。要想让一年生植物获得领先优势，你可以在一年中早些时候进行室内播种，但是如果没有空间或时间，只需在春天直接将种子播种在你想让它们生长的地方即可。

Q 攀缘植物属于哪个层次？

如果你使用分层种植方法（参见第92—93页），那你就开了个好头。然而，某些植物类型例如攀缘植物和绿篱并不总是能够整齐地归入这些层次，所以我将它们列在单独的清单中（参见第104—105、108—109页）。大多数攀缘植物被我归入灌木层。使用攀缘植物覆盖边界十分有助于以积极的方式影响花园的氛围。如果你考虑种植攀缘植物，还得检查它是否自攀附，还是需要安装铁丝网或框格架子支撑它。

"如果为每个层次都添加植物，
你的设计将始终拥有一种平衡感。"

Q 我应该多久
为植物浇一次水？

最好保持幼苗以及所有新种植的植物相当湿润，绝对不能让根系完全变干。在炎热天气，盆栽植物常常需要每天充分浇水。对于花园植物，浇水频率在很大程度上取决于特定植物对干旱的适应能力。留意叶片下垂或萎蔫等迹象。你可以通过插入手指测试土壤的湿润程度。如果土壤是干燥的，那么植物需要浇水。最好一次充分浇透水，不能频繁少量浇水。记住，护根有助于保持水分。

Q 我应该购买盆栽树木
还是裸根树木？

决定性因素包括时间、成本以及易得性。盆栽和根坨乔灌木基本上可以在一年当中的任何时候种植，不过它们在夏天较难恢复。裸根树木（在田野中生长但根系上的土壤已经清理干净）是更便宜的选择，但是只能在秋天和冬天种植。最好购买英国本地的苗木。

在选择植物时考虑野生动物。尝试提供良好的混合生境和食物供应，鼓励鸟类、蜂类和蝴蝶进入你的花园。

重点知识

○ 选择能够在你提供的土壤和气候中繁茂生长的植物。种植那些无法适应环境的植物是毫无意义的。

○ 购买植物时不要临时兴起，而是应该提前思考什么地方需要种植，以及它们如何形成整体效果。

○ 关于种植方案，需要你恰当处理的最重要的部分是对乔木和灌木的结构性种植。

○ 如果你为每个层次都添加植物，乔木上冠层、乔木下冠层、灌木层、宿根植物层和球根植物层，你的设计将始终拥有一种平衡感。

○ 在种植时，为植物充分成长到成年体型留出足够空间。

设计

整合所有部分

"这是激动人心的部分，你的所有实地调查和研究结果
都将整合起来，形成最终的设计。"

引言

————

乐趣才刚刚开始，这是你将研究结果运用到实践中的时刻。在决定最终布局之前，我建议你将不同的选择试验一番，别急着做决定。这会帮助你创造一座真正满足需要，而且让你喜欢在其中悠闲度日的花园。

设计花园不存在某种固定的方式。你只需要找到适合的方法即可。在这一章，我列出了一种可以让你思考这个过程的方法，而且对于每个步骤，我都以自己设计过的一座花园举例说明，让你能够看到在形成设计想法时是如何思考的。

你可能是在建造整座花园，或者只是逐个花境地对它进行翻修，无论是哪种情况，一步一步地推进都很重要，以免过多的选择让你无所适从。花园设计是个大工程，所以不要着急，探索不同的想法，在将任何东西落实之前都尽可能考虑清楚。

另外，不要执著于细节或者认为一座好的花园完全取决于金钱。如果花园设计良好，你可以分阶段建造它并且真正明智地使用材料，或者计划在未来财政状况允许时进行升级。

"不要着急，慢慢考虑清楚。
在纸上做改动比建成之后再改便宜得多。"

步骤1

开始进程

不要以为这需要你擅长绘画，并不需要。一开始是把玩概念的阶段，探索如何达成既美观又适合日常生活的设计。只有到了步骤4，你才会开始考虑细节和成本。

❶ 起点

在本书前面的章节中，我已经向你展示如何绘制花园的精确平面图（参见第18—19页）。它会帮助你理解所拥有的空间。在平面图上标出现有的元素（例如乔木和棚屋），并确保图上显示阳光和背阴区域。

❷ 让想法喷涌而出

你只画一次平面图。然后，每绘制一张不同的设计草图，你只需要用描图纸覆盖平面图，然后用胶带固定。然后，你就可以开始在第一张描图纸上大致画出基本的形状和想法（见右页）。

❸ 找到视野

在进行设计时，一定要假设自己是在房子里向外看，因为这是你和花园在日常情况下的主要联系。以房子或者露台为起点，是否存在某些强有力的视线？

使用比例尺平面图

这是设计过程的出发点。在下图中，我已经在平面图上标记了将要改造的空间的部分相关要点。

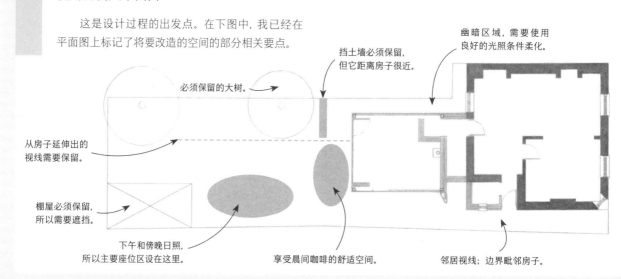

幽暗区域，需要使用良好的光照条件柔化。

挡土墙必须保留，但它距离房子很近。

必须保留的大树。

从房子延伸出的视线需要保留。

棚屋必须保留，所以需要遮挡。

下午和傍晚日照，所以主要座位区设在这里。

享受晨间咖啡的舒适空间。

邻居视线；边界毗邻房子。

我的工作方法

　　整体而言，我想让花园有一种放松的氛围，并且令人感觉"舒适"，仿佛它已经在那儿存在很长时间。我首先在草图上画出各种不同的想法，把玩空间；细节不重要，目的只是理解我拥有什么。

在这个时刻，我在想象自己穿行于这处空间，好让自己确定到底想让人们如何使用这座花园。

人们如何被吸引到这个空间中来？这里是视线焦点发挥作用的地方。

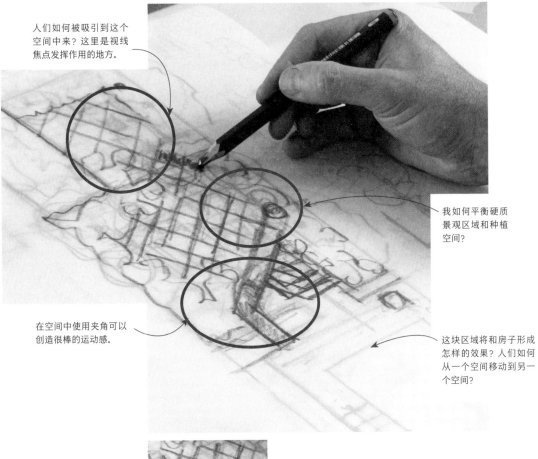

我如何平衡硬质景观区域和种植空间？

在空间中使用夹角可以创造很棒的运动感。

这块区域将和房子形成怎样的效果？人们如何从一个空间移动到另一个空间？

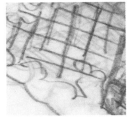

当我在这个空间中穿行时，我在确定该区域将给人什么感受。

参见步骤2 →

步骤2

探索选项

考虑你的重点区域：如何将它们连接起来，人们如何在空间中移动，以及你想要什么气氛。这个步骤不要匆忙进行，只管探索想法。当人们在不同的空间中坐下时，他们会有怎样的感受？他们面前会是什么景色？

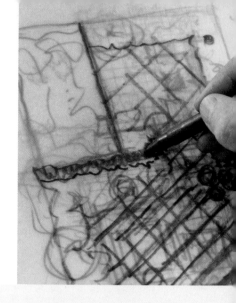

❶ 尝试不同的形状

对于空间中的重点区域，用不同的形状进行试验，每个版本使用一张新的描图纸。尝试各种各样的形状，强有力的稳固形状、柔软的流畅形状、方形、圆形或椭圆形，无论是彼此分离的还是相互重叠的。你可以改变这些形状的比例，看看它们是如何占据空间并相处的。从形状的角度看看什么适合用在你的空间里（见右页）。一定要尝试大量选项。这不但会创造新的可用空间，还能创造运动感。

❷ 座位区域

重温你之前关于有多少人会使用座位空间的研究，以此为依据，确定你想要拥有的台地（参见第62—63页）。在平面图上查看花园中阳光最充足的地点位于何处。这里是你想让人们坐下的区域吗？除了从实用性的角度考虑，重要的是还要思考你想让这个空间给人什么感觉。例如，像是家的延伸或者像是一片林间空地？

❸ 继续玩味

在新的描图纸上探索多种选择。记住，你可以使用视觉趣味创造运动，以此引导和操纵人们在空间中移动的方式，例如使用你为路径选择的材料控制他们的移动方式（参见第66—67页）。使用视觉焦点和种植可以将人们吸引到某处空间，而绿篱、屏风和框架设备可以在沿途构建体现兴奋、期待或者平静的元素。

"就像家里的房间一样，花园也是由各种不同的元素组成的，它们结合起来，产生了风格感和空间感。"

我的工作方法

当我开始用想法试验时，会尽量保持事物的简单，只思考更大的想法而不是具体的形状。

选项A

使用夹角可以创造运动感并打开一片区域，但是要小心一点，不要产生不便利用的空间。

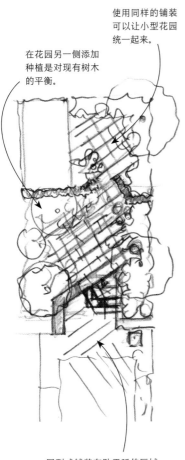

使用同样的铺装可以让小型花园统一起来。

在花园另一侧添加种植是对现有树木的平衡。

层列式铺装有助于延伸区域、创造动感，并提供良好的可用空间。

选项B

从房子延伸出来的宽台阶是通向下一个空间的连接，而嵌入式座位有助于将更多空间拉近房子。

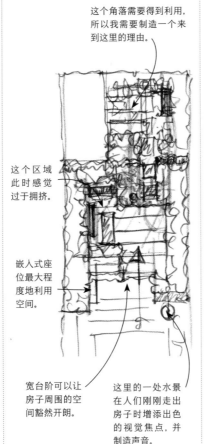

这个角落需要得到利用，所以我需要制造一个来到这里的理由。

这个区域此时感觉过于拥挤。

嵌入式座位最大程度地利用空间。

宽台阶可以让房子周围的空间豁然开朗。

这里的一处水景在人们刚刚走出房子时增添出色的视觉焦点，并制造声音。

选项C

当你想要拥有不同功能和不同气氛的分区时，将空间隔成小"房间"是种好办法，但是它也会让一个区域感觉太小。

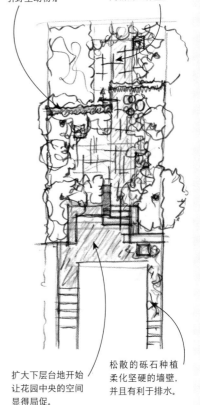

绿篱屏障分隔空间，产生一种"房间感"（并吸引野生动物）。

这块区域提供了封闭的办公空间，供你临时搭建一间新的工作室。

扩大下层台地开始让花园中央的空间显得局促。

松散的砾石种植柔化坚硬的墙壁，并且有利于排水。

参见步骤3

步骤3

找到恰当的平衡

最好的设计通常是感觉最平衡的设计。它应该满足你对植物种植空间和一般用途空间所占比例的需要。继续尝试下去，直到无论从实用角度还是审美角度，你都对花园的效果感到满意。

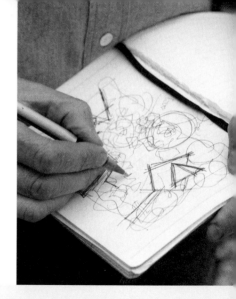

❶ 到外面去

身临其境常常是理解怎样做效果好、怎样做效果不好的最佳方法，所以带上你的想法走到房子外面的花园里。你总是可以用竹竿或绳子标记出形状，看看它们在实体空间中效果如何。拿着你的平面图站在花园里，尝试不同的布局选项并绘出不同的形状，直到感觉对了为止。想象人们将如何在这处空间内移动，以及他们将看到什么。

❷ 三维式思考

继续检查景色——无论是好的还是坏的，并检查你是否已经令自己满意地利用或者遮挡了它们。思考你的不同选项如何与房屋建筑产生联系。检查并确定你追求的气氛已经实现。主要是保持开放的心态。当你找出分隔空间的最佳方法后，再回过头来进行微调（见右页）。

❸ 找到你的舒适点

在内心深处，我们大多数人本能地知道一个地方在什么情况下感觉舒服或者不舒服。我常常举搬到新家之后摆放三件套沙发的例子。也许一开始你想让它面对视线焦点（如壁炉或者电视）。你将它摆放就位，看起来糟糕极了。于是你先喝一杯茶，然后再次地挪动它的位置，经过没几次调整之后，感觉正好舒适而且行得通。在我看来，这就是你想从花园中得到的感觉。

恰当的平衡

我们所有人看待空间的方式都不同，但是在我看来，一座成功的花园需要在种植空间和可用空间之间达成良好的平衡。你需要再拿一张描图纸，将它覆盖在你的意向设计图上，然后给种植空间上色，可用空间留白。你感觉它们彼此之间平衡么？这些圆/方示意图供你参考和判断。

过大的方块矮化了其中的圆，让人感觉不舒服。

圆和方块之间更加对等的比例创造出更平衡的感觉。

过大的圆压倒了方块，并在四角留下难以利用的空间。

我的工作方法

随着我的空间开始整合成形，我继续问自己想要什么移动模式。在控制人们在空间中穿行时，我想让他们暂停脚步吗？我要提供美丽的景色吗？我如何开始添加令花园成为个人空间的细节？我怎样创造那种氛围？

在这个幽暗的角落，带火坑的座位区域为花园增添了全年可用的额外用途。

棚屋上的绿色屋顶吸引野生动物，并提升从房子的楼上看到的景观。

稀疏绿篱有利于野生动物，并在不占用太多空间的情况下为火坑区域创造隐私。

这里的座位区域拥有良好的日照，但是需要挪到一边去，以保持视线不受妨碍。

这里的一个视线焦点吸引人们进入这个空间。

铺装在这里的变化标志着台阶顶部，但它也开始了贯穿空间的重复铺装图案。

花境不应该太窄，否则没有足够空间安排有趣的种植层次。

嵌入式座位比通常情况下更宽，提供了可以躺下的地方，而且下面还有储存原木的地方，更加充分地利用了空间。

这处水景整合在墙壁中，令整个区域变成视线焦点而不是幽暗的角落。

在此处种植编结树木，增加私密性的同时不至于遮挡太多光线。

这里的砾石使用了质感柔软轻盈的种植，让空间显得更轻盈，而且排水良好。

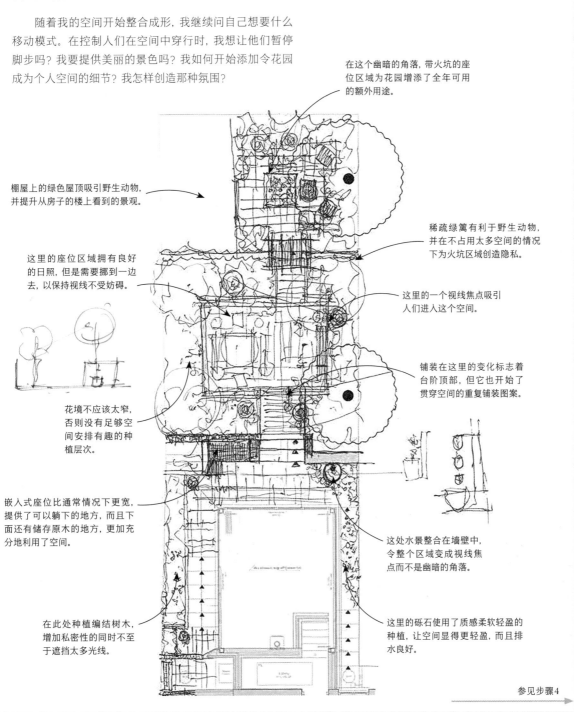

参见步骤4

步骤4

增添一些细节

现在你的设计已经达到满足实用性的水平，而且比例和审美感觉也是对的。接下来应该使用你的风格情绪板，围绕你对硬质景观如路径和视线焦点的选择填充细节。

"你对材料和细节的选择可以让花园扎根于它所在的地方，并让你的花园成为个性化且独一无二的空间。"

❶ 选择材料

先考虑视觉冲击最强的硬质景观区域——台地、台阶，或许还有路径。首先，看看你的台地或座位区域。你想让它怎样和房子的建筑外形产生联系？你在本章节前文探索过材料选项（参见第60—63页），你觉得什么材料的效果会是最好的？

❷ 连接空间

现在考虑路径的质感和材料以便设计（参见第64—67页）。记住你想让人们在空间中感受什么，以及你想让他们如何移动。你想要供缓慢行走、蜿蜒的小路吗？花园里有没有人们频繁走动的区域？这里适合使用耐磨的实用表面。使用不同材料可以划分用途不同的区域。

❸ 发展你的风格

将该过程重复用于花园中的其他硬质景观元素：照明、藤架、视线焦点以及其他景致，例如雕塑或水渠。利用你之前对硬质景观的研究确定想法和风格偏好。尝试建立凝聚力，让花园拥有自己的场所感。在完成花园的建造之前，不用担心微调元素（例如家具，除非是内嵌式的）。

墙壁的石材被铺装再次使用，为这处空间带来了宜人的凝聚力。

从路径到台地的这个台阶创造出一种到达感，并阻止砾石进入台地。

就算是花园里最小的景致，也能成为令人感兴趣和欣赏的对象。

花园中的最终细节应该反映你的个人性格和品位。

❹ 核对你的预算

之前，当你在设计这处空间时，关于金钱的念头不应该干扰想法。如果你恰当地组织了自己的空间，材料的重要性是次要的。然而在此时此刻，的确需要用预算核查一下你的选择。需要一块大台地但却买不起你喜欢的昂贵石材？把它修得小一点没有任何意义，所以这次先用便宜的材料吧，反正将来总是可以升级的！

❺ 引入植物

在最终完成布局平面图之前，我的确已经开始想到了植物，但只是在结构层面上而已。我不知道自己想要什么种类的植物；只是在考虑是否需要使用植物框景，或者挡住邻居的视线，又或者在空间中增添一点节奏感。我需要使用一棵乔木创造僻静的用餐区域么？我是否需要添加一棵乔木，以平衡已有的乔木？这些乔木现在已经成为了花园结构的一部分。

参见步骤5 ➡

步骤5

最终确定你的平面图

拥有最终版本的平面图可以帮助你保持专注，而且意味着可以为建筑工程估算成本，不过平面图可能会随着开始造景而衍化。它不必是一件艺术品，它只需要让你按照比例理解自己的新空间。

❶ 重新检查

回过头来，检查哪些地方你觉得还可以改动。这处空间感觉如何？看上去是否太拥挤了？也许你需要将不同的元素削减得更加统一。它是不是缺了点什么？也许你需要使用某种大胆的东西稍作调整。在你需要它实用的地方，它足够实用么？对它感觉如何，是否会按照你想让人们体验这处空间的方式引导人们移动？它是否传达了你想要的氛围？

❷ 绘制平面图

按比例精确绘制出你最终的平面图，用作总平面图，并添加所有细节。别担心，最终还可能做出调整，建造之前在纸上修改总比修改已经建成的东西容易。

❸ 你的最终平面图

在这个过程的最后，你应该拥有一张反映全部设计和结构性种植决策的比例尺绘图。以这张图为出发点，你可以精确计算需要多少材料以及最终的成本。

❹ 现在轮到植物了

你已经确定了花园布局和材料，所以终于可以开始考虑种植空间了。此前，你考虑的只是结构性元素，例如较大的乔木和形状。现在是时候关注更多种植细节了。

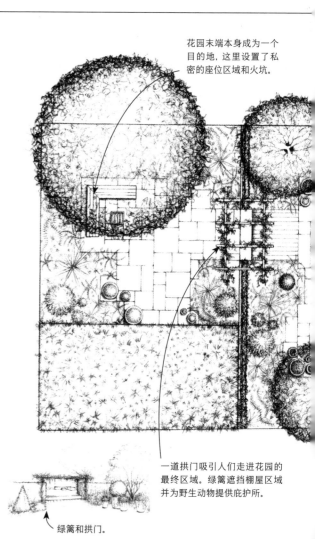

花园末端本身成为一个目的地，这里设置了私密的座位区域和火坑。

一道拱门吸引人们走进花园的最终区域。绿篱遮挡棚屋区域并为野生动物提供庇护所。

绿篱和拱门。

我的工作方法

　　我会将最终的设计呈现为精准的俯视图和小型3D模型，直观地表现空间的外貌以及景致的效果。你的俯视图和模型不必很精美；它们只是帮助你理解事物看上去会是怎样的。

"你的平面图不需要是一件艺术品；它只是必须精确，并为你提供清晰的修建参照。"

房子外面直接是一个嵌入式座位区，这里有植物框住花园里的景色，还有一处水景，它不光可以在室内欣赏，还可以在座位区欣赏。

嵌入式座位区和水景。

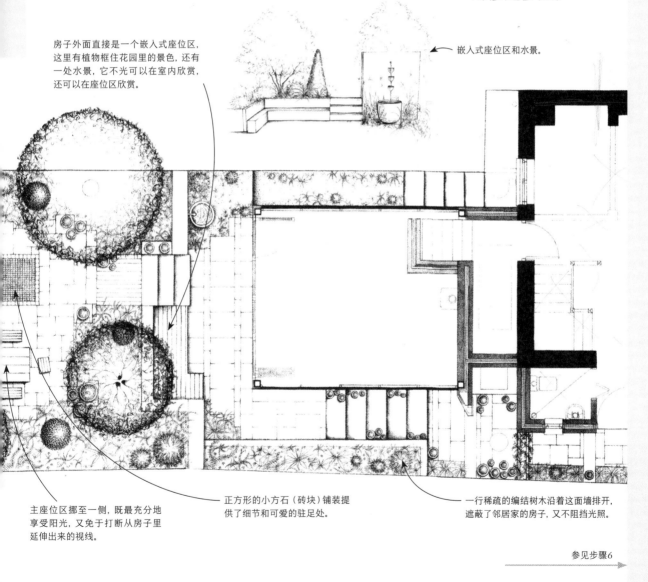

主座位区挪至一侧，既最充分地享受阳光，又免于打断从房子里延伸出来的视线。

正方形的小方石（砖块）铺装提供了细节和可爱的驻足处。

一行稀疏的编结树木沿着这面墙排开，遮蔽了邻居家的房子，又不阻挡光照。

参见步骤6 →

如何 HOW TO

设计 DESIGN · 建造 BUILD · 享受 ENJOY

步骤6

构建你的种植层次

一旦确定了最终的花园布局，就应该考虑种植了。首先看植物的形状和每个层次对应的空间。用颜色代表不同区域或形状，构建连接空间的流畅层次。尝试数个版本，直到你对结果感到满意。

❶ 构建层次

将新描图纸盖在你的平面设计图上，添加乔灌木组成的结构框架，用颜色标注它们的形态"类型"（见下面方框）。检查并确认你已经将乔木标记在正确的位置，然后开始添加灌木和宿根植物。在形状和形态上构建你的设计，使用颜色代表不同形状和类型的植物（例如"高且细"）。你可以重新看看我的花境设计，寻找灵感（参见第110—125页）。

❷ 创造群体

在构建种植层次时，将植物当作群体而不是一个或两个个体。植物在自然界成簇生长，也有少数单株植物分散在不远处。如果模仿这种模式，你的种植会产生流动感和节奏感。回过头来想想自然林地中的层次是怎样的，然后跟随自然的引导（参见第92—93页）。我的灵感大都来自自然。我喜欢植物群体彼此重叠的方式，以及叶形和质感之间的天然对比。

❸ 节奏感和流动感

在不同花境之间构建重复性，有助于让花园的不同部位彼此连接和关联。使用同样的或者形状相似的植物可以创造强烈的节奏感和流动感，所以在不同区域重复使用一些植物是连接这些区域的方法之一。相似地，一些强有力的个体植株可以产生戏剧性并创造视觉吸引力。另外，不要忘记关于你想创造的植物风格的情绪板（参见第90—91页）。

考虑形态　　　　　植物提供不同的形状，或者形态，例如下面这些例子。你可以利用它们的形态制造对比、节奏和重复。

紧凑、茂密的圆丘状，叶片小巧。

低矮的簇生叶片和尖顶状高耸花序。

可靠、茂盛，拥有引人注目的结构。

高大灌丛，拥有椭圆形叶片和开阔的株型。

轻盈的羽毛状叶片，产生显著的运动感。

我的工作方法

在这个阶段，我的工作速度很快，只关注层次、流动、重复和形状，而不是具体的植物种类。尽量避免沉溺在细节中。我要做的是弄清楚想让花园给人什么感觉，以及想象自己置身其中时会是什么感觉。

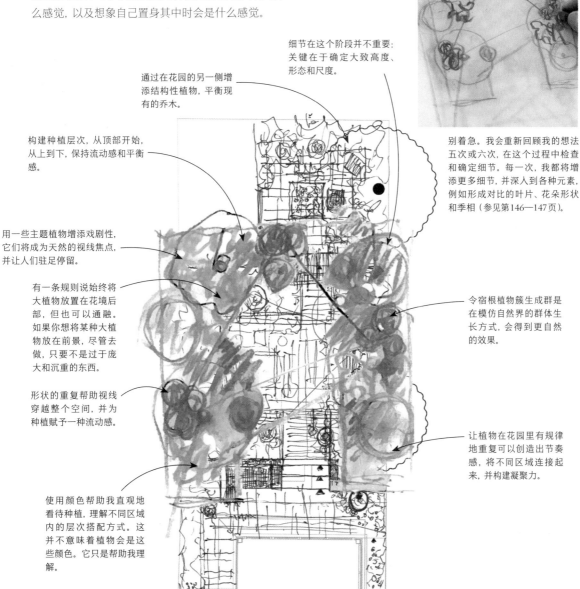

细节在这个阶段并不重要：关键在于确定大致高度、形态和尺度。

通过在花园的另一侧增添结构性植物，平衡现有的乔木。

构建种植层次，从顶部开始，从上到下，保持流动感和平衡感。

别着急。我会重新回顾我的想法五次或六次，在这个过程中检查和确定细节，每一次，我都将增添更多细节，并深入到各种元素，例如形成对比的叶片、花朵形状和季相（参见第146—147页）。

用一些主题植物增添戏剧性，它们将成为天然的视线焦点，并让人们驻足停留。

有一条规则说始终将大植物放置在花境后部，但也可以通融。如果你想将某种大植物放在前景，尽管去做，只要不是过于庞大和沉重的东西。

令宿根植物簇生成群是在模仿自然界的群体生长方式，会得到更自然的效果。

形状的重复帮助视线穿越整个空间，并为种植赋予一种流动感。

让植物在花园里有规律地重复可以创造出节奏感，将不同区域连接起来，并构建凝聚力。

使用颜色帮助我直观地看待种植，理解不同区域内的层次搭配方式。这并不意味着植物会是这些颜色。它只是帮助我理解。

参见步骤7

步骤7

绘制种植图

　　一旦对计划中的层次、节奏感和流动感大致满意，你就可以开始浏览植物清单，并用铅笔划出满足需求的具体种类了，在这个过程中时刻牢记你想要创造的氛围。

❶ 使用你的清单

浏览你的植物清单，对于每个层次，看看什么植物符合计划的形态。开始将特定种类的植物分配到你想要的形状上。其他需要考虑的因素还包括在季相方面它们会为植物群体带来什么（例如花、春季新叶、浆果，秋色），以及关于它们的所有良好特点（树皮、果实等）。

❷ 让色彩缤纷起来

现在提炼和调整你的植物选择，将色彩和气味考虑在内。在我看来，植物的形状、质感和形态比色彩更重要，因为色彩在花园里来了又去，所以它不是主要驱动力。别理解错了，我的确喜欢花，但是色彩不只是来自花，还来自叶、茎和浆果。至于气味，在你会经过或者坐下的区域旁设置有香味的植物，通过让同一种植物自然分散在花境中，或以单点或重点设置的方式增添一点重复性。

❸ 考虑对比

如果你不能确定什么植物可以互相搭配，只需思考对比。这些植物是否拥有形成对比的大小、形状、叶形、质感和色彩？对比总是会让你的种植更有活力。种植设计是个很大的主题，但在一开始，只需确保你照顾到了这里列出的基本要素，然后享受这个过程！

蓝色可以和许多颜色和谐搭配，如果你担心颜色搭配不当，需要当机立断地选择，它可以是非常有用的后备计划。

> "这不只在于个体植物的美丽细节，还在于随着季节的更替，它们如何构成整体效果。"

我的工作方法

　　此时我开始考虑细节，为了这个项目浏览我的植物清单。然后用铅笔画出我认为能够符合要求的具体种类，在这个过程中，时刻注意叶、质感和花的对比。即使在这时，我仍然在问自己关于季相的问题，以及植物将如何融洽共存。在最终确定种植图之前，我可能会检查五遍或六遍。

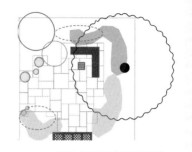

自然式散生植物和球根植物可以绘制在一张单独的描图纸上，展示你想在主要种植下面的哪些地方设置自然式散生植物或者球根植物。

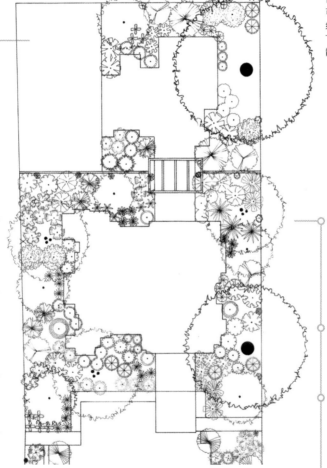

考虑色彩，考虑的不只是花，还有树皮、叶和浆果。

在不同区域重复一些植物，这是连接这些区域的一种方式，并创造出节奏感和凝聚力。

对比是关键。使用有对比的形状、质感或形态增加趣味。

计划每个季节的观赏性，思考将兴趣点设置在什么地方。

使用作为视线焦点的重点植物构建戏剧性。

记得考虑氛围。你想让种植给人怎样的感受。

思考植物群体在一年之中的效果，并确保你的花境不会在植物休眠期间出现一个大洞。

在你想蜿蜒流连或置身其中放松身心的区域，使用芳香植物为空气增添香味。

将冬景布置在房子附近，这样在冬天你不容易被吸引到寒冷的花园里。

思考你在房子里面会看到什么，以及你一整年将坐在什么地方。

问问亚当

我不认为设计花园只有一种方法。我向你展示了一种尽可能让这个过程保持简单的方法，但是你也可以在这个过程中发展自己的手段。重点在于不要被繁多的事务搞得无所适从，慢慢来，一点一点地改进你的想法。

Q 我可以每次种植部分植物吗？

可以，当然可以。这基本上就是我在家种植植物的方式，但是在我看来，拥有一张总体种植平面图仍然是很重要的，即使它的确会随着时间衍化。如果你打算在一段较长的时期内完成种植，最好一开始专注于乔木和灌木，因为它们充分长大的速度较慢，而草本植物可以在两三年里长到最大。

Q 如果我的预算不够怎么办？

不要让钱影响你的设计。应该优先考虑的是合理地组织你的空间，材料是次要的。如果你需要一个大露台，但买不起想用的石材，别通过缩小露台的方式妥协。选择更便宜的材料如砾石，日后有机会再进行升级。或者将建筑工程分解，每次完成一部分，分数年完工。

一个常见的错误是将花境设置得太窄，剥夺了植物充分生长所需的空间。如果拿不准，就始终多留些空间出来。

Q 使用直线还是弯曲边缘？

两种选择没有高下之分。这个问题不存在正确或错误答案，只需跟着你的直觉，选择你觉得看上去最好的。通读设计章节将让你充分认识自己的风格偏好，而你的花园设计应该反映个人的选择，而不是追随别人的风格。只需要记住，随着植物生长溢出并柔化边缘，这些线条大部分应该会模糊不见。

> "有些人以为设计花园的方法是一成不变的，
> 但事实并非如此。"

Q 什么是条形种植和块状种植？

你可能会听到设计师使用缎带种植、块状种植和混合种植之类的术语。它们只是用来描述种植技巧的名词。缎带种植意味着你将某种植物种植成穿过花境的波动条形。它会沿着自身方向吸引视线并创造一种统一感。

块状种植是你将成群簇生植物种植在另一簇植物旁边。

混合种植受植物在自然界中生长方式的启发，不同种类的植物全都紧密地交织在一起。

锦囊妙计

在你的花园里模拟自然

有些人购买植物的数量都是奇数，三棵、五棵、七棵等。这也是我一开始学到的方法，但实话实话，我现在已经不这么干了。

另外，即使你真的按照奇数种植植物，大约一年之后也看不出来了，因为植物会向四周扩张，有些植物还可能死亡。现在我更受自然之道的影响。我观察叶的对比、形态、节奏感和质感。我发现构建小群体并重复使用是将花园统一起来的好方法。

重点知识

○ 我有一条规则，如果一种植物尝试种了三次，它都不能良好生长，那就忘了它吧。所有东西都应该在你的花园里争得一席之地，如果一种植物无法生存，那就找到可以生存的植物。

○ 如果你想要在花园里获得私密性，不要马上想着在花园末端种一排树，这样会让整个空间显得更短。更好的做法是用小树围绕露台，创造出一个舒适的区域并屏蔽目标方向的视线。

○ 不要和大自然做对。例如，就算你再喜欢草坪，但是如果你的花园太阴或者太小，也必须换一种利用空间的方式。也许你可以设置砾石种植区和另一个座位区。因地制宜有时候是最好的做法。

建造你的花园

种植你的花园

建造BUILD

建造

建造你的花园

"对于所有成功的建造，良好的地面准备
至关重要，千万别考虑省略这一步。"

引言

　　在我看来，建造一座花园是人们可以做的最令自己心满意足的事情。它真的没有那么难，而且如果大胆尝试一下，通过增添台地、栅栏或结构等未来数年可以使用和享受的设施，你将有机会对自己的空间产生实实在在的影响。

　　本章节中逐步演示的过程涉及一系列硬质景观营造技术，所谓硬质景观，换句话说就是永久性特征，例如墙壁、路径和藤架。无论你建造的是什么，始终都要先考虑功能再考虑风格，并将不同材料的使用保持在最低限度。

　　自己建造花园可以得到巨大的回报，而且还有助于降低成本。无论你选择建造什么，都要再三确认，保证开始动工之前你对自己的设计是满意的。跟你已经买好材料甚或已经开始建造相比，在纸上改动总是容易得多。不过这并不意味着之后你就不能在需要调整的地方进行调整了。

　　即使你决定聘用一名景观建造师，本章节的信息也将帮助你理解硬质景观工程涉及什么过程，以及你实际上把钱花在了什么地方。

> "在你开始破土动工之前以及施工途中，
> 最后一次核对测量数据和高差始终是值得的。"

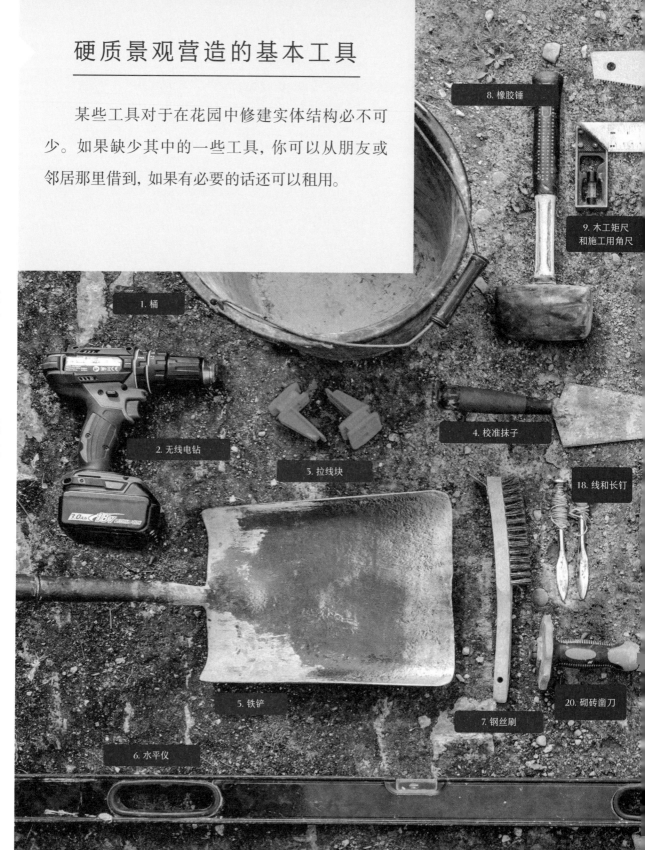

硬质景观营造的基本工具

　　某些工具对于在花园中修建实体结构必不可少。如果缺少其中的一些工具，你可以从朋友或邻居那里借到，如果有必要的话还可以租用。

8. 橡胶锤

9. 木工矩尺和施工用角尺

1. 桶

2. 无线电钻

4. 校准抹子

3. 拉线块

18. 线和长钉

5. 铁铲

7. 钢丝刷

20. 砌砖凿刀

6. 水平仪

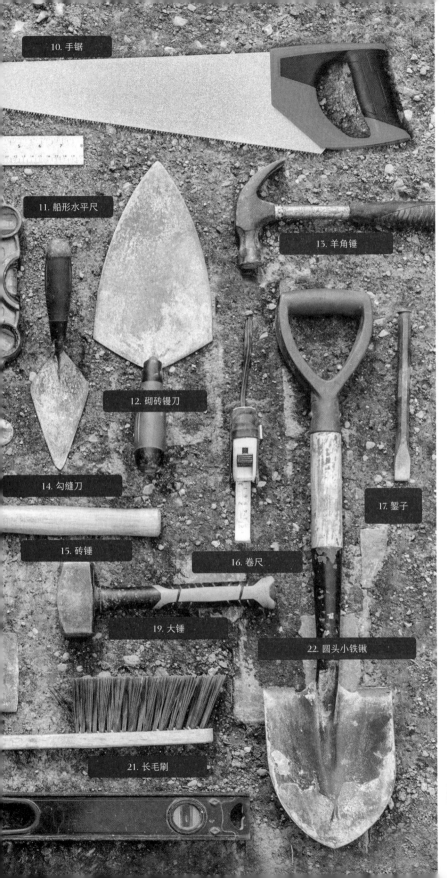

10. 手锯

11. 船形水平尺

12. 砌砖镘刀

14. 勾缝刀

15. 砖锤

13. 羊角锤

16. 卷尺

17. 錾子

19. 大锤

22. 圆头小铁锹

21. 长毛刷

杂项工具

1. 桶, 用于搬运材料和水。　2. 无线电钻, 用于在木材和石头上钻孔 (拥有一系列钻头会很有帮助, 包括螺丝刀钻头)。

砌砖工具

3. 拉线块, 和一根线配合使用, 在砌砖时拉出一条笔直的线。　12. 砌砖镘刀, 用于砌砖。14. 勾缝刀, 用于砂浆勾缝。

测量和找平工具

4. 校准抹子, 用于将砂浆抹到没抹匀的地方。6. 水平仪, 用于检查和设定较大区域的水平面。　9. 木工矩尺和施工用角尺, 用于标记木材和检查直角。　11. 船形水平尺, 用于设定较小区域的水平面。　16. 卷尺。　18. 线和长钉, 用于标记建造区域和设定水平面。

铁锹和铁铲

5. 铁铲, 用于集料、砂子和水泥。22. 圆头小铁锹, 用于在局限的空间中挖掘。

刷子

7. 钢丝刷, 用于清理石材和砖艺。21. 长毛刷, 用于一般性清理工作。

锤子

8. 橡胶锤, 用于将铺装板材和砖块向下砸实。13. 羊角锤, 羊角状构造用于拔出钉子。15. 砖锤, 拥有尖锐的凿形锤头, 用于敲掉砖块和石材的边缘。19. 大锤, 用于强度大的建造工作。

锯子和凿子

10. 手锯, 用于切割木材。17. 錾子, 用于在混凝土上凿刻精确的小细节。20. 砌砖凿刀, 用于切断砖块、混凝土块和铺装块。

其他工具 (图中未显示)

喷涂线, 用于标记线条。

搅拌盘, 用于搅拌水泥。

耙子, 用于清除碎砖料和砾石。

安全第一

在使用这些工具时, 始终穿戴劳保手套、钢帽靴和防护眼镜保护自己, 以免受伤, 并确保家里有急救包可以使用。

准备场地

对于所有水平方向的建造，无论是砾石路径还是台地，准备场地并创造良好的地基都是关键的一步。恰当地准备地面并精确地测量场地，这样做可以保证无论上面是什么，都会有坚固的基础、正确的尺寸，并且处于正确的位置。

如果你将要延伸台地或者升级材料，先将目前的铺装拆除，检查下面的地基。要想知道下面是否存在已有的碎砖垫层，挖一个深50～100毫米的小坑。如果发现小坑底部是平整的而且非常坚硬，那么你就可以在这样的基础上建造，直接跳到"如何"章节。否则的话，你就需要补充碎砖垫层，然后将它向下压实。

对于毗邻房屋的铺装区域，要确保铺装位于防潮层以下至少150毫米，以免雨水越过这条线。记住，所有铺装都必须从房屋向外倾斜。

标记

这项工作的关键一步是将你的比例尺绘图转移到场地区域。别急，慢慢来。仔细测量和标记，设置线和长钉（之后要用到），然后检查直角。我通常会让工作区向各个方向扩大200毫米，这会留出灵活工作的空间。在开始挖掘之前以及工作途中，别忘了再三检查你的测量数据和高差。

在喷涂线的帮助下，将建设项目的水平尺寸从比例尺平面图转移到地面本身。

设置一系列线和长钉，标记场地并设定最终的水平面。将长钉设置在工作区之外。

良好地基的层次

准备充分的场地包括底土上方的一层压实土地、压实土地上方的一层碎砖垫层，以及砂层或砂浆层。对于铺装和路径，你需要为这些层次留出150～200毫米的深度。使用木钉确保所有层次都是水平的而且厚度合适（见下文）。

"和许多建筑工程一样，在准备场地本身和创造良好地基时做的工作是你将要做的最重要的工作。"

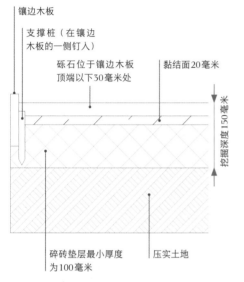

- 镶边木板
- 支撑桩（在镶边木板的一侧钉入）
- 砾石位于镶边木板顶端以下30毫米处
- 黏结面20毫米
- 挖掘深度150毫米
- 碎砖垫层最小厚度为100毫米
- 压实土地

使用镶边木板的砾石路径

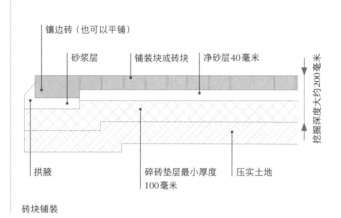

- 镶边砖（也可以平铺）
- 砂浆层
- 铺装块或砖块
- 净砂层40毫米
- 挖掘深度大约200毫米
- 拱腋
- 碎砖垫层最小厚度100毫米
- 压实土地

砖块铺装

使用木工矩尺或勾三股四弦五法检查直角是不是真正的90°。

设定水平面

除了在现场做出水平方向的标记，你还需要考虑垂直维度，挖掘多深，以及如何标记接下来的不同层次，碎砖垫层、砂浆层、铺装、砾石或砖块。首先将标桩敲入场地四周边缘，检查并确认它们的顶端处于你想让完工表面处于的最终水平面上。记得将地面径流所需的坡度考虑在内（参见第242页）。然后随着施工进度添加更多标桩，并确保它们在现场保持一致的高度。

使用木头标桩有助于你建造和检查整个场地完工表面的水平面

设计 DESIGN · 建造 BUILD · 享受 ENJOY

你需要

使用你的平面图和第245—247页的指导计算下列材料的用量

○ 碎砖料

工具

○ 卷尺
○ 线和长钉，或喷涂线
○ 大锤
○ 木工矩尺或施工用角尺
○ 水平仪，大小各一个
○ 铁锹
○ 铁铲
○ 微型挖掘机（可选）
○ 起草皮机（可选）
○ 独轮手推车
○ 用于标记水平面的木头标桩（大量）
○ 耙子
○ 平板振动夯或手夯锤
○ 铁杆（可选）

创造良好的地基

一旦完成场地的标记，就该用铁锹挖地了。创造良好的地基大概是建造花园时你做的最重要的事情。良好的地基是坚固、平整的压实碎砖垫层。在工作区使用大量参考标桩，帮助你追踪水平面。

1 用线和长钉标记工作区，并检查直角两条边是否垂直（参见第242—244页）。然后取决于你要做的项目，向下挖150～200毫米，容纳基础层以及你选择的硬质表面的厚度，例如铺装块、砖块或砾石。使用铁锹人工挖掘或者使用微型挖掘机。

2 一旦挖到大致深度，就用双脚踩踏标记区域，使其坚实平整。所有柔软的部位都会自动暴露，因为你的脚跟会陷进去。如果出现这种情况，向下继续挖，直到挖到坚实的表面。

6 确保场地的所有标桩都处于正确的水平面上。如果这是你第一次建造，应该使用比我在这里多得多的标桩，为自己提供大量参考点。设置完标桩后，再将它们全部检查一遍。

3 重新设定标桩或者至少确认水平面没有问题。将第一根标桩设置在场地边缘，与标记完工表面的线平齐。设置第二根标桩，并用水平仪确认这两根标桩是水平的。在整个场地边缘重复这一过程。

4 从完工表面的水平面向下测量，在标桩上标记出碎砖垫层和其他层次的水平面。水平面真的很重要，在这个过程中要再三检查。一旦这样做过几次，你会对水平面产生一定程度的感觉，就不必一直检查了。

7 铺设厚度不小于100毫米的碎砖垫层，使用标桩上的记号作参考。

5 大部分台地和路径都需要一个较小的坡度，让雨水能够轻松排走（参见第242页）。通过设置第二组的标桩实现这个坡度，并展示整个场地的高度变化。铺装的坡度可能根据材料的差异有所不同，和你的供应商核实。

8 敲碎较大的砖块，耙平，然后用手夯锤或平板振动夯将碎砖垫层夯实，令表面坚实、平整。绕过标桩作业，让它们留在原地。如果出现任何沉陷的区域，你需要添加更多碎砖并夯实。场地现在做好了铺设最终表面的准备。

铺设砾石路

铺设砾石路一点也不复杂。话虽如此，准备场地和创造良好地基的前期工作也不能马虎。你需要使用镶边控制砾石。镶边有很多不同的选择，但常见的两种方式是木材镶边和砖块镶边，这里展示的就是其中的一种。

你需要

使用你的平面图和第245—247页的指导计算下列材料的用量

○ 碎砖料

○ 黏结材料（可选）

○ 砾石

○ 经过防腐处理的绿色木材边板和固定桩，或者适合用在此处地面的砖块

○ 砂浆（净砂和水泥比例为6∶1），用于砖块镶边

工具

○ 喷涂线

○ 线和长钉

○ 卷尺和船形水平尺

○ 手锯

○ 大锤

○ 手夯锤或平板振动夯

○ 无线电钻和钻头

○ 螺丝刀和螺丝钉（40毫米）

○ 耙子

○ 铁锹和铁铲

○ 砌砖镘刀

○ 有切砖刀刃的砌砖凿刀或圆锯

○ 防护眼镜

○ 砖块镶边不需要

随着时间的推移，气候（尤其是潮湿的冬季）和踩踏会将砾石压实。一开始颇有吸引力的做法是铺设比推荐厚度30毫米更多的砾石，但更好的做法是每两年按照需要补充砾石。

准备场地

一开始，用喷涂线标记施工区域。要想清晰地标出路径区域的轮廓，应在两端固定长钉，然后在它们之间拉紧一条线（参见第158—159页）。使用额外的长钉标记所有弯曲部位，并确保这根线位于路径的内边缘正上方，然后压实地面（参见第160—161页）。我通常不在砾石路下面使用除草膜。不过，如果你面对顽固的多年生杂草问题，可以在铺设碎砖垫层之前铺一层除草膜。

为路径镶边

除了这里展示的，控制砾石的镶边类型还有很多种。边缘相对于砾石的高度取决于你使用的是什么种类的砾石（参见第246页）。如果使用自胶结砾石，就要让它的表面几乎抵达边缘顶端；如果是豆砾，我倾向于让它的表面位于边缘顶端之下20毫米，以免溅出。

砖块镶边

在这里，我们将砖块的侧面用作镶边饰面，但是你也可以选择将它们放平，让路径有更宽的边缘或者为草坪创造平齐边缘。

1 铺设碎砖垫层之后，在你希望砖块边缘顶端所处的高度拉一条直线。将净砂和水泥以6∶1的比例混合制作砂浆，然后用砌砖镘刀将足够多的砂浆放置在直线下接纳第一块砖的地方。在砂浆混合物中挖一条小坑。我喜欢砂浆容易涂抹又不至于太稀。

3 以同样的方法继续砌砖，通过砖块下面而不是它们之间的砂浆连接它们。可以在砖块之间涂抹砂浆，但是如果你此前从未干过砌砖的活儿，会发现还是这样更简单。

4 如果你准备在砖块镶边旁铺设草皮或者设置圃地，应该切掉一部分外侧拱腋（在砖块两侧起固定作用的砂浆），为植物根系的生长留出空间。给砂浆留两天时间凝固，然后铺设砾石（见165页步骤6和步骤7）。

2 将第一块砖放置在坑上，然后用砌砖镘刀的把手向下敲击夯实，令砖块顶端与直线平齐。你可能需要尝试几次才能把砂浆的厚度弄对。

"如果你的房子是砖砌的，在花园里使用砖块边缘会是一种让花园空间和房屋建筑产生联系的美妙方式。"

木材镶边

和砖块相比，木板是更具成本优势的镶边材料。我将屋面板条用作固定木板的支撑桩，因为它们大小正合适。

镶边木板（高100毫米，厚20毫米）

砾石位于镶边木板顶端以下20毫米处

牢牢砸进地里的支撑桩（长250～300毫米）

碎砖垫层最小厚度为100毫米

压实土地

使用镶边木板的砾石路径

设计 DESIGN · 建造 BUILD · 享受 ENJOY

1 在准备好场地后（参见第158—159页），放线至边缘的高度，确保线位于路径内边缘上方。使用木材镶边，你并非只能创造笔直的路径。如果想要曲线，只需在你的线上使用额外的长钉标记出弯曲的部位。

2 如果想让路径弯曲，你需要制造出柔韧的镶边木板。前一天晚上将木板放入水中浸泡。取出木板，按照固定间隔小心地向下锯三分之一的厚度。如果需要更大的弯曲度，就缩小间隔，直到它达成你想要的曲线。小心，它们可能会折断。

3 将木板放置在线或设定水平面的高度。通过在路径外边缘设置第一根支撑桩进行固定。检查并确认它们都是垂直的。捶打支撑桩，令其顶端位于镶边木板顶端之下30毫米处。重复这个过程，沿着木板每米设置一个支撑桩。在进行曲线镶边时，你需要在木板内侧和外侧交替使用支撑桩，引导镶边木板达成想要的弯曲形状。

4 用螺钉将镶边木板固定在支撑桩上，保证是从镶边木板向外朝着支撑桩的方向固定的。在这个过程中继续检查水平面，确保镶边木板仍然是垂直的并且处于正确的高度。在这里，我使用了现有圃地的高度，但是你可能需要放线。

5 连接两块木板时，用一小块木板盖住两块木板的接缝，然后用螺钉固定就位。你可能需要用大锤抵住另一侧提供支撑。记得要让固定木板位于镶边木材顶端之下，让你能够用土壤或种植将它隐藏起来。固定好木板后，使用镶边作为参照，铺设厚100毫米的碎砖垫层。然后使用平板振动夯压实表面，直到表面坚实平整（参见第161页）。

6 用耙子铺设一层厚30毫米的砾石，令其表面位于镶边木板顶端之下约20毫米处。

7 将土壤回填到镶边木板的外侧。一旦在圃地种上植物，木板就会"消失"。

"不要一次将砾石铺得太厚。人为使用和降水令其沉降就位，然后按需添加砾石。这样得到的路径，效果会好得多。"

铺设板材铺装

在一点指导的帮助下，使用铺装板材建造自己的露台、台地或路径并不困难。就像其他花园建造，一定要花时间标记场地和制造基础。这里展示的步骤适用于所有铺装板材，从简单的混凝土板到其他材料如花岗岩、石灰岩、板岩、瓷和沙岩等。

你需要

使用你的平面图以及第245—247页的指导，计算下列材料的用量

○ 碎砖料

○ 用于铺装块的砂浆（净砂和水泥以6：1的比例混合）

○ 用于勾缝的砂浆（细砂和水泥以6：1的比例混合；浅色铺装为5：1）

○ 铺装块

工具

○ 卷尺

○ 线和长钉

○ 施工用角尺

○ 水平仪和船形水平尺

○ 石锯（租用，如果需要的话）

○ 桶

○ 水泥搅拌机（可选）

○ 橡胶锤

○ 垫片或塑料十字架

○ 钢丝刷

○ 软毛刷

○ 砌砖镘刀

○ 勾缝刀

在你准备好的地基上（参见第158—161页）进行"干燥测试"。临时找一块区域摆放板材，确保你拥有最好的布局，使用的是最适合的材料。你的设计画在纸上，但现在还有机会调整板材的实际尺寸，调整后可能整体视觉更好，并且减少或消除了切割板材的需要。排列板材时始终令切口位于隐秘处而不是显眼的地方。如果你需要切割板材，租一台石锯，操作时做好防护，佩戴面罩和护目眼镜。

在检查勾缝砂浆时，先试验性地做一小批，然后令其干燥并查看最终的颜色。对于颜色较浅的铺装，我倾向于使用白水泥。装在桶里精确测量，得到均匀一致的外观，否则颜色会出现差异。

这种光滑铺装拥有5毫米宽的勾缝空隙，外观更现代

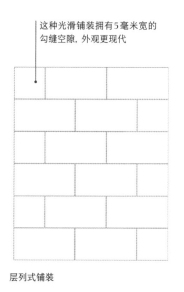

层列式铺装

这种有质感的随机式铺装有10毫米宽的勾缝空隙，外观更传统

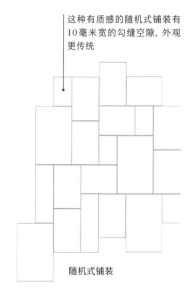

随机式铺装

1 对碎砖垫层的水平面感到满意后（参见第158—161页），检查线的高度，这是铺装块顶端所在的位置。将净砂和水泥以6:1的比例混合。如果你要铺设一块较大的区域，最好租用一台水泥搅拌器。

2 为第一个铺装块铺设一层坚固的砂浆基床。一开始你可能需要调整砂浆的用量，这可能需要一些时间来适应。一旦向下夯实（用橡胶锤或锤子把手），铺装块的表面需要和设置的线平齐。

3 对砂浆基床的尺寸感到满意后，使用船形水平尺检查板材是否放置正确。随着你铺设更多板材，继续使用线和船形水平尺作为指导。当你铺设的板材越来越多，就会发现这样做的必要性越来越小。

4 对剩余的铺装块重复这一过程，并在相邻铺装块的接缝中插入垫片，令它们保持均匀的间隔。铺装区域静置大约一周，令其干燥，然后撤去垫片。接下来就可以进行最后的勾缝装饰了。

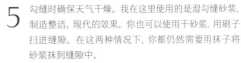

5 勾缝时确保天气干燥。我在这里使用的是湿勾缝砂浆，制造整洁、现代的效果。你也可以使用干砂浆，用刷子扫进缝隙。在这两种情况下，你都仍然需要用抹子将砂浆抹到缝隙中。

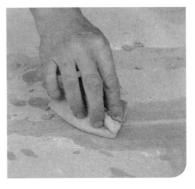

6 如果使用湿勾缝砂浆，将沾在铺装表面上的砂浆刮掉，并用湿海绵擦干净，如果有需要的话，使用防水布保护刚刚完工的区域，等待砂浆凝固。如果使用的是干砂浆，就不必做这一步。

铺设砖块铺装

砖块可以比大型铺装板材更灵活通用，因为它们的大小很适合用于路径和台地中的弯曲处。它们还为各种不同的图案和光学效果提供了大量施展空间，而且还有潜力创造出和房屋的建筑学关联。

你需要

使用你的平面图和第245—247页的指导，计算下列材料的用量

- 碎砖料
- 净砂（用作砖块基床）
- 砂浆（净砂和水泥以6:1的比例混合，用于固定镶边砖块）
- 砖块（适用于地面的类型）
- 窑干砂

工具

- 卷尺和水平仪
- 线和长钉
- 木头标桩
- 施工用角尺
- 橡胶锤
- 铁铲
- 钢丝刷
- 砌砖镘刀和勾缝刀
- 长木板
- 手锯
- 金属尺和利刃工具
- 切砖机（如果需要就租用）或砌砖凿刀
- 硬质纤维板
- 软毛刷或扫帚
- 平板振动夯

和铺设板材铺装一样，在铺设砖块铺装时创造地基也需要用到一点数学，计算一下材料和准备工作（参见第158—161页）。

干燥测试

决定好铺装图案之后进行实地测试，临时将一些砖块摆放就位。这会让你大致了解实际效果，以及是否需要对路径尺寸做出微小调整，从而将切割砖块的需要降至最低。当你开始铺设砖块时，确保从所有批次中选择，因为这样会让砖的颜色表现出漂亮的差异，看起来更加均衡。

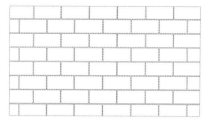

顺式错缝砌合

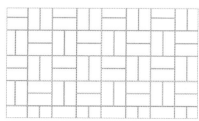

席纹砌合

人字纹

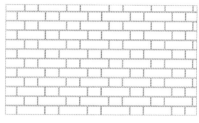

荷兰式砌合

1　准备现场，用线和长钉标记铺装区域，将标桩设定到你想让完工表面处于的高度，然后就地压实一层碎砖料，创造良好的地基（参见第160—161页）。重新检查场地内的所有标桩，有必要时进行调整，确保它们是平齐的并且准确反映了铺装完工时你想要的高度和坡度。

3　铺设镶边砖块时，在铺装区域的外边缘涂抹一道拱腋（一条脊状砂浆），将砖块固定就位。刮去内侧拱腋，令填入砖块可以舒适地贴合。静置两天，待其凝固。

4　将你的木板切割成一块比铺装空间略宽的匀泥板。标记并切割镶边砖块造成的L形缺刻，令这块木板可以放在镶边砖块的顶端。切割部分的高度应该比砖块的厚度小8～10毫米。

2　为镶边砖块铺一层砂浆（参见第163页）。调整砂浆厚度，确保砖块顶端和你拉的线平齐。我在这里使用的镶边砖块是平铺的，但是如果你喜欢的话，也可以侧立铺设。在这里，我让相邻砖块直接对接，因为这对初学者更容易，但你也可以留出接缝，最后勾缝处理，如果你更喜欢这样的话。

"如果你有多批次的砖块，将它们全部混合使用在铺装中，可得到更均衡的外观和漂亮的颜色差异。"

5 然后, 在碎砖垫层表面倾倒一层约40毫米厚的净砂。确保它看上去比你需要的高一点。

6 砂子表面应该比镶边砖块的底部高8～10毫米。将切割好的匀泥板放在镶边砖块上, 然后用它抹匀净砂基床。

7 你应该离开抹匀后的区域, 所以一次只能做一小部分。沿着该区域抹平砂子, 使其厚度正适合铺设砖块。你要让该区域内的砖块比镶边砖块高8～10毫米。

8 在开设铺设之前, 你需要切割一些砖块。用利刃工具在砖块上划出切割线, 将砖块牢牢固定, 然后用石锯或砌砖凿刀将其整齐切断 (使用后者的话需要练习才能做到整齐)。佩戴护目镜和护耳器。在末端, 你需要切割更多砖块才能填补最后在铺装区域出现的空隙。

9 开始填入砖块。如果使用的是机制砖, 你可以让它们紧密对接。在这里, 我使用的是尺寸略有差异的手工砖, 所以我留下了一些勾缝空隙。而且我想让视觉效果更柔和。检查砖块是否平齐并位于镶边砖块以上8～10毫米。一次只做一小部分。

10 在干燥天气做收尾工作（步骤10—11）至关重要。在窑干砂袋的底部戳一个小孔，然后将砂子倒在砖上，填充它们之间的接缝。

11 用软毛刷将刷子扫进接缝，直到完全填满。砂子会沉降，可能需要后来再次补充。

12 所有砖块就位后，将一张硬质纤维板覆盖在它们表面，然后用平板震荡夯将所有东西向下压实。铺装砖此时应与镶边砖块平齐。

13 我喜欢在表面留一些砂子，让它们都随着气候沉下去。

"铺设砖块铺装是一种
很好的景观建造技术
练习方法。"

建造低矮砖墙

一旦掌握了为路径镶边或铺装的砌砖技术, 你就能够建造砖墙了。在学习阶段, 不要建造高于500毫米的砖墙。今天我们建造的是所谓的"九英寸墙", 墙体有两层砖。它可以提供足以挡住后面土壤的强度。

你需要

按你的平面图和第245—247页的指导, 计算下列材料的用量

- 碎砖料
- 混凝土 (石碴和水泥按8∶1的比例混合)
- 面砖 (适用于向外墙面) 以及背衬砖 (适用于面向后部的砖层)
- 砂浆 (细砂和水泥按照4∶1的比例混合)
- 泄水孔和系墙铁

工具

- 卷尺和水平仪
- 线和长钉, 或喷涂线
- 施工用角尺
- 铁锹
- 大锤
- 铁铲, 混料盘, 桶, 以及独轮手推车 (或混凝土搅拌机)
- 用于夯实的木块
- 软管
- 砌砖镘刀
- 重垂线 (确保墙壁与地面垂直)
- 砌墙凿刀或石锯
- 勾缝刀
- 软毛扫帚
- 钢丝刷
- 海绵
- 小桶

对于高度不足500毫米的墙, 至少300毫米厚的基础通常足够了, 但是很多事情取决于土壤状况, 很可能需要挖得更深, 抵达坚硬、稳定的表面之后才能铺设混凝土基础。你还需要考虑排水和结构强度。因为这种类型的墙只能从一侧看到, 所以你可以通过在后部使用混凝土块或普通砖来省钱, 将外观漂亮的面砖用在可见一侧。

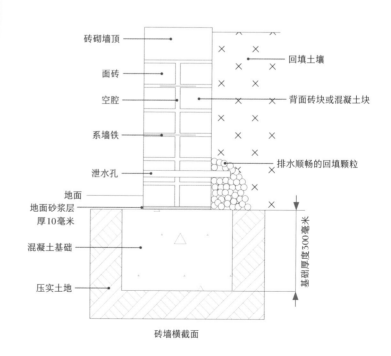

砖墙横截面

1 使用线和长钉或者喷涂线标记墙的基础。为基础挖一条地面之下深约300毫米的沟。打入木头标桩，以便设定墙底的高度，并确保它们都位于地面之下一点的位置。

2 搅拌混凝土并填入沟中，沿着沟逐渐填入，直到与木头标桩的顶端平齐。我喜欢使用相当稀的混凝土。

3 确保混凝土表面与标桩顶端平齐，然后使用一块木头将混凝土基础夯实压平。当混凝土基础凝固时（需要几天时间），使用施工角尺标记墙的四角。将两根长钉设置在超过墙壁两端较远的地方，在它们之间拉一条标记墙壁走向的直线。对于标记墙壁两端的线，按照同样的方法放线。

4 在砖的一端抹砂浆。初学时，要让砂浆保持固定，你会发现比较容易的做法是一手持砌砖镘刀一手持砖，同步将砖块摆放就位。

参见步骤5

5 放线至第一列砖的高度，留出下面砂浆基床的空间（通常情况下，砖的厚度约为65毫米，砂浆厚约10毫米）。开始铺设砖块，将每块抹过砂浆的砖块压入混凝土基础上的砂浆，然后轻轻敲击令其就位。确保它是笔直和平齐的。

7 一开始，每层只铺几块砖，因为目标是先建好两端（或者墙角）。砂浆厚度保持为均匀一致的10毫米。每行砖铺好后，用水平仪检查是否横平竖直。

8 将两端砌到完整高度之后，开始补充墙面和后部砖层，在这个过程中放线检查高度。在第二层砖中设置泄水孔（见下图）。

6 沿着混凝土基础继续铺设砖块，直到达成需要的长度。完成第一列砖的铺设后，在这一列的末端旁边铺一块砖，然后开始铺下一层，先让一块墙角砖横跨下面的两列砖，得到接缝错落的"错缝砌合"效果。第一列砖的另一端也如法炮制。

9 为了利于墙壁后面土壤的排水，将一个泄水孔设置在砖墙的第二层砖中，并使它同时穿过位于地面之上的两列砖。这样水就能通过泄水孔排放出去。沿着墙壁每隔1米设置一个泄水孔。

10 系墙铁从水平方向将两列砖系在一起，增加了墙的稳定性（对于这么低的墙，其实并非必需）。沿着墙壁每1～1.2米设置系墙铁。

11 如果接缝开始出现轻微偏移，不要过于担心，除非看上去令人不舒服。如果出现了这种情况，只需用锯子或凿刀削去两三块砖的末端，很快就能让接缝重新对齐了。

12 保持表面洁净，不沾染多余砂浆。如果你没有在一天之内完工，而且晚上可能会下雨的话，用防水布盖住砖块过夜。

收尾工作

墙壁的顶端暴露在最极端的环境条件下，所以必须使用一层砖块、石材或铺装板材封闭它，这也会让它看起来很漂亮。

1 在砖墙两侧各铺设几块砖，侧立摆放，检查它们是否平齐。使用它们作为参照，为你的墙顶拉一条水平直线。以放线为依据继续铺设砖块。轻敲就位并检查是否平齐。

2 如果需要，使用一点额外的砂浆和一把小勾缝刀，确保所有接缝都被填充，不留空隙。

3 使用勾缝刀磨平砖块之间的砂浆接缝。确保所有表面都干净整洁，然后静置凝固。24小时后，用硬毛刷或钢丝刷从上向下清扫墙面。

建造台阶

花园台阶不只是一种处理高度变化的实用方法，还可以用作巧妙的设计元素。例如，让入口显得更宏大、更亲和。一旦你对自己的砌砖技术有了信心，建造一些砖砌台阶就是一个相当简单的过程。

你需要

使用你的平面图和第245—247页的指导，计算下列材料的用量

- 碎砖料
- 混凝土，用于基础（石碴和水泥按照8:1的比例混合）
- 砂浆（细砂和水泥按照4:1的比例混合）
- 砖（防冻砖）
- 窑干砂

工具

- 线和长钉，或喷涂线
- 锤子
- 施工用角尺
- 木工矩尺和铅笔
- 水平仪
- 卷尺
- 木杆、木板以及木头标桩
- 铁锹
- 铁铲
- 混料盘或混凝土搅拌机（可选）
- 砌砖镘刀和勾缝刀
- 石锯（可选）
- 手夯锤
- 手锯
- 电钻和钻头
- 螺丝刀
- 小软毛刷

在设置台阶时，始终同时考虑它们的用途和美观。思考使用强度，即台阶的使用频率和人数，以及对于位置而言最好的材料。使用强度大的话，应该用砖块或石材建造；如果是偶尔使用，你可以使用枕木。

场地设计

测量你想建造的台阶所处斜坡的落差（参见第20—21页）。进行等比例绘图，确保所用材料的高度、厚度和宽度都是合适的。记得考虑砖块的砂浆接缝，它们通常厚约10毫米。

思考一下你想让砖砌踏面采用湿勾缝还是干勾缝（参见第167页）。这会影响踏面的最终大小。从个人的角度而言，我更喜欢干勾缝，因为踏面会有良好的风化效果，而且苔藓可以慢慢爬上边缘，赋予它们一种永恒感。湿勾缝更费时一些，而且如果你缺乏经验的话，常常看起来很不整洁。

只有在真正理解你选择的所有材料如何在这个工程中发挥作用之后，才能开始建造。

计算台阶

你需要计算对于高差（垂直面）和进深（水平面），需要多少级台阶可以达到舒适的效果（参见第244页）。通常而言，我从不建造踏面小于300毫米的台阶，而且总是尽可能地做得更宽大。而台阶立面的高度，我总是尽可能地做得接近150毫米，不过如有必要，最高可以设置为220毫米。无论

选择什么尺寸，最重要的是你的所有台阶立面都必须是同样的高度，以免它们成为容易绊倒人的危险。台阶的宽度也发挥重要作用，狭窄的台阶让人放慢脚步，而更宽的台阶偶尔可以成为的座位。平均而言，我倾向于将花园台阶设置为大约1米宽。

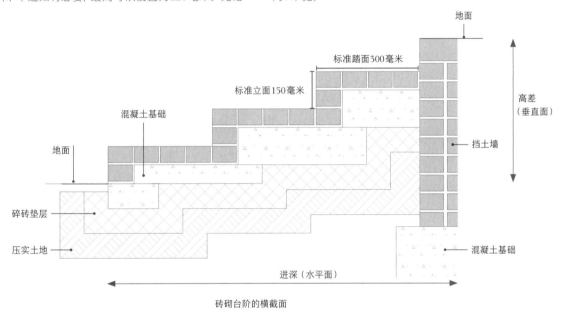

砖砌台阶的横截面

地面
标准踏面300毫米
标准立面150毫米
混凝土基础
地面
高差（垂直面）
挡土墙
碎砖垫层
压实土地
混凝土基础
进深（水平面）

---

1 在现场摆放砖块，再次检查你的材料在现场的效果。这是做出最终调整的最后一次机会。用线和长钉标出台阶底部的基础。

2 你还需要知道第一级和最后一级台阶坐落的高度，所以在台阶中央靠近挡土墙的地面敲进一根木杆。用木工矩尺和铅笔清晰地标出台阶（立面）的高度。这是建造过程中注意高度的好方法。

3 持续检查测量结果，因为在整个建造过程中，你都要使用这些固定参考点。

5 现在为U形的三条侧边拉线，为第一列砖设置高度，仔细检查，确保前面的线和挡土墙是平行的。使用勾三股四弦五角检查直角是否垂直（参见第245页）。

6 开始在混凝土基础上呈U形铺设砖块，挡土墙位于U形的顶端。将砖铺在砂浆基床上，两端抹砂浆以固定就位。用砌砖镘刀的手柄向下敲实，让砖的顶部和线处于同一高度并且是水平的。

4 将基础挖到大约300毫米深，敲进地面若干木头标桩以设定高度（参见第173页，步骤1）。没有必要挖掘整个区域，只需挖出你想铺设第一层砖的大U字形。设置标桩，然后创造和这个高度平齐的混凝土基础（参见第173页）。静置两天待混凝土。这会形成第一级台阶的基础。

7 将拉线作为向导，沿着U形铺一行砖。使用小水平仪持续检查，保证横平竖直。确保直角是垂直的。

9 在外围边框和木板之间填充混凝土，并用铁铲保证混凝土均匀摊开。这些混凝土构成了铺设第一级台阶和第二级台阶踏面的坚实基础。

8 接下来，你需要制造一些模板结构，一种临时性结构，在混凝土基础凝固期间将其包含。切割出一块正好能插入U形空腔中的木板，然后将它放置在第二级台阶起点向后大约100毫米处。确保模板顶端和周围砖块的顶端处于同一高度。用锤子砸进两三根支撑桩，然后用螺钉将它们与木板固定，牢固地支撑住它。

10 使用一块比台阶宽的短木板将混凝土夯实就位，去除所有气穴，令其表面平整。

参见步骤11 →

11 夯实完成后，混凝土应该整齐地和第一列砖位于同一水平面上。静置两天，待混凝土凝固。

13 现在轮到踏面了。将一层砖块铺设在所有台阶的前方和两侧边缘，制造出一个框架。检查并确认它与木杆上标记的踏面高度是平齐的，然后锯掉木杆露出的部分或者将木杆砸进地里，因为已经不需要它了。

12 为第二级台阶施工重复步骤5—7，放线至第二级台阶立面位置。在第一级台阶后面铺设两层砖块。用碎砖料填充基础，向下夯实，然后倒入混凝土，构成与两层砖块平齐的第二级基础，用于建造第三级台阶。这里不需要制造模板，因为挡土墙会拦住混凝土。静置，待其凝固。第三级以及后续的台阶施工重复这一步骤。持续检查台阶高度和木杆上标记的高度，确保所有东西都横平竖直。不要着急，一定要再三检查。

14 铺完所有边缘砖块后，就可以开始回填了。从最下面的台阶开始，在混凝土基础上铺一层厚约10毫米的湿砂浆（净砂和水泥按照4:1的比例混合）。将一层踏面砖块铺设在砂浆基床上。作业过程中，将每块砖向下轻敲夯实，确保它是水平的并且处在正确的高度。对其他台阶的踏面重复这一过程。

15 砖块一旦固定，将窑干砂倒在踏面上，填充砖块之间的缝隙。确保在干燥的天气下进行这一步。

16 然后使用软毛刷将砂子扫进缝隙，填满接缝。砂子会发生沉降，也许最后需要再次补充。

17 远离台阶大约1周，等待砂浆凝固。

用混凝土安装木桩

使用混凝土将木桩安装在地面上是非常有用的技术，可以用在许多花园建筑项目上。它还很容易操作，所以你很快就能将自己新掌握的技术用来竖起栅栏、修建棚架或者建造拱门。

你需要

使用你的平面图和第245—247页的指导，计算下列材料的用量

- 木桩100毫米×100毫米
- 混凝土材料（石碴和水泥按照8:1的比例混合）或专用混凝土预混料

工具

- 卷尺
- 线和长钉
- 木工矩尺
- 铅笔
- 铁锹
- 木桩挖坑器（可选，但真的很有用）
- 撬棍（可选）
- 手锯
- 水平仪
- 混凝土搅拌机（可选）
- 混料盘
- 铁铲
- 木板（用于夯实混凝土和支撑木桩）
- 螺丝刀和螺丝钉（用于临时固定）

木材的选择不但会影响花园的整体外观，还会影响它的使用寿命。软木（用在室外时应该购买经过处理的木材）比硬木便宜，但是不如硬木持久耐用。新伐橡木相对便宜，但是会随着气候变化移动、扭曲和爆裂，而干燥橡木的变化程度较小。在室外使用木材时要当心，它会对环境做出反应，随着时间推移发生变化。通常而言，除非你每年都进行处理，否则它会变成银灰色。还可以给木材染色，让它符合你的景观风格。刨材表面光滑，看上去比较现代，锯材则更加古朴。

1 标记木桩的位置。挖大约300毫米宽的坑，以容纳木桩和它周围的混凝土。用铁锹将坑挖到600毫米深。可以用木桩挖洞器和撬棍辅助挖坑。

4 在向洞中填入混凝土的过程中，用木板夯实混凝土，去除气孔。混凝土表面达到地面以下75～100毫米时，进行最后一次夯实。

2 接下来，搅拌混凝土（或者使用专用混凝土预混料）。我喜欢让混凝土稀一些，这样更容易在木桩周围施工，并且减少气孔出现的机会。将木桩插入洞中，保持垂直并用水平仪检查。

3 扶稳木桩（或者找人帮忙），然后用混凝土填洞，注意不要让木桩移位。如果你安装的木桩不止一根，应确保它们的顶端是平齐的，或者都处在同一斜面上（参见第243页）。

5 在等待混凝土凝固时（24小时之内），使用四块木板作为支撑将木桩固定在原位。用电钻将螺丝钉部分钻入木板上方一点的位置，作为一种临时性的加固。混凝土凝固后拆除螺丝钉和木板。木桩施工完毕。

竖起栅栏

建造栅栏并不困难，而且可以自己完成。不过如果你能够找到帮手，这个过程会更轻松。一旦掌握了安装木桩、固定面板和令一切保持横平竖直的技术之后，你就能够竖起框格架子，安装饰面板或者建造堆肥箱了。

你需要

使用你的平面图和第245—247页的指导，计算下列材料的用量

○ 栅栏木桩和面板

○ 尖顶饰（可选）

○ 混凝土材料（石碴和水泥按照10:1的比例混合）或专用混凝土预混料

工具

○ 喷涂线

○ 线和长钉

○ 施工用角尺

○ 卷尺

○ 铁锹

○ 铁铲

○ 大锤

○ 混料盘

○ 混凝土搅拌机（可选）

○ 电钻和钻头

○ 螺丝刀和螺丝钉（用于面板和临时固定）

○ 木板，用于支撑木桩

○ 木块，用作楔子

○ 水平仪

○ 手锯

○ 环首螺钉，1.6毫米电镀铁丝，钢丝钳，以及钳子（可选）

设计 DESIGN · 建造 BUILD · 享受 ENJOY

栅栏可以成为设计中非常重要的部分，尤其是在小花园中，所以一定要认真选择材料。你可以让栅栏成为花园中的一道景致，或者将它用作攀缘植物的支撑，令它消失在背景中。

将栅栏设置在何处？

仔细检查花园的边界线在哪里，以及当地规划部门是否对高度有限制。如果你的栅栏位于斜坡上，确保面板的升降是均匀舒展的，或者以美观的形式阶梯状升降（参见第243页）。

"在我看来，那些真正有氛围的花园，要么它们拥有与整体设计相结合的漂亮边界，要么它们的栅栏被植物覆盖，完全消失于无形。"

木桩的高度应该是栅栏面板的高度
加上进入地面的大约600毫米以及
伸出面板顶端80～100毫米

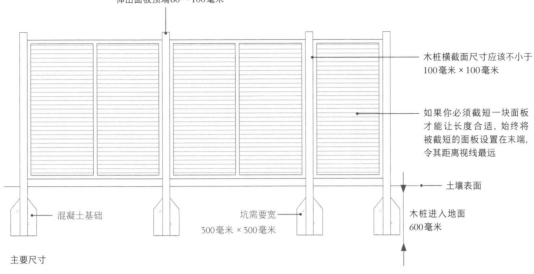

木桩横截面尺寸应该不小于
100毫米×100毫米

如果你必须截短一块面板
才能让长度合适，始终将
被截短的面板设置在末端，
令其距离视线最远

土壤表面

混凝土基础

坑需要宽
300毫米×300毫米

木桩进入地面
600毫米

主要尺寸

1 清理栅栏线上的乔木、灌木、植物或杂物。
先用喷涂线，再用线和长钉标记栅栏线。

2 为第一根木桩挖坑。它应该深约600毫米，宽约300毫米×300毫米。
按照用混凝土安装木桩时的方法挖坑（参见第182—183页）

4 将一块栅栏面板抬到完工后的高度。用木块作楔子，支撑它保持在这个高度上。用水平仪再三检查，保证一切都横平竖直（你可以独自完成这项工作，但是如果你从前没有干过这件事，找人帮忙会更容易）。

3 一次只能挖一个木桩洞。只有这样做，你才能保证所有面板安装整齐，而且尺寸不会失控。用混凝土将第一根木桩安装就位后，使用螺丝钉和木板暂时固定木桩，等待混凝土凝固。

5 要将面板安装在第一根木桩上，需要提前在面板两端立柱的顶端和底端钻孔。然后用螺丝钉将面板固定就位。我通常不会一次钻好所有的孔，以防最后需要进行调整。

7 用螺丝钉将面板安装在木桩上。检查木桩是否直立，然后像之前一样将混凝土填在木桩周围，再用木板支撑，等待混凝土凝固。

6 挖下一个坑，然后将第二根木桩安装就位。检查两根木桩是否水平（除非栅栏立在斜坡上，要木桩安有上下高差，参见第243页）。木桩顶端应该比栅栏面板高出80～100毫米。

8 用这种方法继续施工，直到所有木桩和嵌板全部安装就位。混凝土完全凝固后再撤去支撑木板。拧紧螺丝钉，令面板牢牢地固定在木桩上。如果你想在栅栏完工后立刻将攀缘植物种上去，现在是安装支撑构造的最好时机。将若干环首螺钉安装在栅栏木桩上，然后在它们之间牵引并拉直铁丝。

用下垂绳索制造植物支撑架

一旦掌握了用混凝土安装木桩的技术，为月季、铁线莲和忍冬等攀缘植物制造支撑架就是相当简单的建造项目了。

你需要

使用你的平面图和第245—247页的指导，计算下列材料的用量。

- 经过防腐剂处理的木桩，长×宽为100毫米×100毫米，高2.7米
- 混凝土（石碴和水泥按照6:1的比例混合）或专用混凝土预混料
- 直径28毫米的马尼拉麻绳（相隔3米的木桩之间使用3.3米长的麻绳）

工具

- 铅笔和卷尺
- 电钻和32毫米的木工扁钻头
- 线和长钉，或喷涂线
- 铁锹或木桩挖坛器
- 铁铲
- 混料盘
- 混凝土搅拌机（可选）
- 涂料或木材染料（可选）
- 梯子
- 水平仪
- 用于支撑的木板
- 厚胶布
- 麻绳
- 螺丝刀和25毫米螺丝钉
- 环首螺钉，1.6毫米电镀铁丝，钢丝钳，以及钳子（可选）

你也可以使用木材拱道，它可以沿着一条路径获得出色的效果，但是要当心，因为我发现人们常常犯的错误是让拱道太接近路径边缘，而且不给植物覆盖拱道所需的足够高度，这最终会让人们觉得从拱道中穿过时很不舒服。

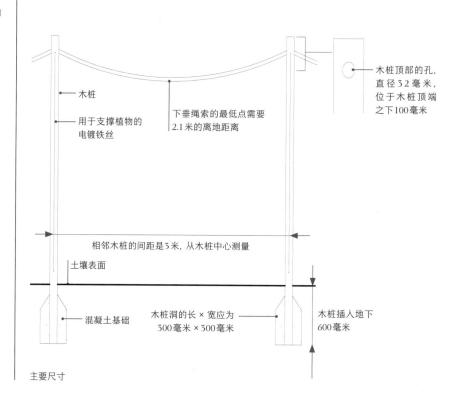

木桩

用于支撑植物的电镀铁丝

下垂绳索的最低点需要2.1米的离地距离

木桩顶部的孔，直径32毫米，位于木桩顶端之下100毫米

相邻木桩的间距是3米，从木桩中心测量

土壤表面

混凝土基础

木桩洞的长×宽应为300毫米×300毫米

木桩插入地下600毫米

主要尺寸

1 首先，标记孔的位置。从木桩顶端向下测量100毫米，做出标记。钻孔，注意不要损坏木桩的另一侧。确保孔的位置居中，而且在所有木桩上的位置都一致。在第二根以及所有后续的木桩上重复这一过程。

2 用喷涂线或者线和长钉在地面上标记每根木桩的位置。遵照用混凝土安装木桩的指导（参见第182—183页）安装木桩。记得用螺丝钉和木板临时支撑木桩，等待混凝土凝固。24小时后可以拆掉木板和螺丝钉。

3 对其余木桩重复这一过程。确保木桩顶部的孔都面对着一个方向，以便穿过麻绳。等待混凝土凝固。

4 经过防腐处理的木材专门用于户外，但是你也许想给木桩粉刷或染色。如接下来就应做这一步。最好每两三年重新粉刷一次。

5 用厚胶布防止麻绳的末端磨损。为了掩盖胶布，使用麻线缠绕在上面。

6 使用梯子以便你能够得着，将麻绳穿过木桩顶部的孔。退后并调整下垂绳索，直到你对它的样子感到满意。将两颗螺丝钉斜着钉进木桩并穿过麻绳，将其固定就位。

7 对第三根和所有后续木桩重复这个过程。切去多余绳索，如果有必要的话，用厚胶布和麻线缠住末端。对于双股下垂绳索，重复和之前同样的过程，检查你是否满意绳索下垂的方式。将第二根麻绳摆放在木桩顶端，确保它在下面那根麻绳正上方。

10 使用园艺线将攀援植物固定在铁丝上。随着植物的生长，你需要添加更多的线。记得检查它们是否牢固，特别是在大风天气下，植物容易松动。

8 用螺丝钉将第二根麻绳固定在木桩顶端。确保钻透绳索中央，并且钻进木桩中央。还要保证绳索的末端卡在木桩的远端边缘。

9 我发现使用垂直铁丝更容易将植物整枝在木桩上。在木桩每个面的顶部和底部各安装一个羊眼圈螺丝钉，将铁丝剪到适宜的长度，然后连接在这两个环首螺钉之间并拉直。

11 当攀援植物在铁丝上充分生长之后，你就可以将它们整枝在木桩之间，绑在麻绳上即可。水平生长的枝条会刺激植物开更多花。

建造花台

在这里，我向你展示如何建造最基本的花台，但是你可以调整花台的尺寸和风格，让它满足自己的需要。你可能想让花台离地面更高一些，或者因为空间有限，使用更薄的木板。只管按照需求进行调整即可。

你需要

使用你的平面图和第245—247页的指导，计算下列材料的用量

- 经过防腐剂处理的木桩，长×宽为100毫米×100毫米，切割成1050毫米长的段
- 经过加压处理的枕木，切割成1200毫米长和1830毫米长（厚200毫米，宽50毫米）
- 混凝土（石碴和水泥按照8：1的比例混合）或专用混凝土预混料

工具

- 卷尺
- 线和喷涂线
- 施工用角尺
- 水平仪
- 铅笔和木工矩尺
- 手锯
- 铁锹
- 铁铲和混料盘，或者混凝土搅拌机（可选）
- 大锤
- 电钻、20毫米木工扁钻头与8毫米钻头（用于螺栓孔）
- 150毫米六角头螺栓和100毫米螺丝钉
- 电钻用六角钻头，或六角扳手套装（用于拧紧六角头螺栓）
- 绳索、竹竿或者木杆，用于支撑细网（可选）

准备将要修建花台的场地，需要清除多年生杂草，拥有排水良好的土壤和平整的基础。花台的风格取决于你自己。在这里，我使用更高的角桩支撑细网，但是如果你不想这样做，可以用混凝土将50毫米×50毫米规格的防腐木桩安装在同一位置。如果你想为花台的木材粉刷或染色，应在建造框架之前进行这个步骤。

决定尺寸

始终确保花台的宽度让你可以轻松地从两侧够着中央，进行种植和除草。在这里，花台宽约1200毫米。这座花台较长的一边长1500毫米，但是如果你将长度确定在2400毫米以上，就需要在中间添加额外支撑。

安装在角落里的木桩，固定在内侧

俯瞰图

木桩安装在每个角的洞里

为安装木桩挖的坑深150毫米，250毫米见方

枕木

安装六角头螺栓的孔

木桩周围的混凝土

土壤

侧视图

1　在开始建造之前，测量枕木并标记所需长度，然后将它们切割到需要的尺寸。接下来，用线和长钉标记花台区域和高度。

2　将花台一端的枕木放置在和线对齐的位置，埋土固定。挖掘安装角落木桩所需的坑，挖至大约150毫米深，250毫米见方。接下来，依次摆放其他3根枕木，埋土固定，然后为每个角落的木桩挖一个坑。

3　使用水平仪确保枕木是水平的，而且顶端和你的线平齐。在花台的每个角，钻两个供六角头螺栓使用的孔（一个靠近顶端，一个靠近底端），钻透长枕木的侧边，钻入短枕木的末端。接下来，用六角头螺栓固定每个角。

4　在每个角桩的顶部钻一个直径20毫米孔（参见第189页）。将角桩放进它们的坑里。检查4根角桩的顶端是否位于同一高度（参见第243页），然后用100毫米长螺丝钉固定。

5　再次检查高度，然后用混凝土将角桩安装在坑里。混凝土凝固后，木桩就会牢固地安装好（如果你要建造更高的花台，在这一步增加另一层木板）。

6　在花台中填入园艺土和堆肥的混合物，铺平后轻轻向下压实，做好种植的准备。在木桩的孔中插入绳索、主干或木杆，根据需要加固就位。这些横梁可以支撑保护作物的细网。

建造水景

在花园里用水制造视觉焦点或目标点可以提供另一层趣味和氛围，这还是将野生动物吸引到花园里的绝妙方式。这个装有喜水植物的简单水槽是个适合新手尝试的项目，因为不需要铺设水管和挖掘。

你需要

- 不透水的容器，例如镀锌水槽
- 水平仪
- 切割至合适大小的气孔花盆（air-pot）或水生植物种植篮
- 扎带（可选）
- 砖（可选）
- 水生土
- 桶或一种不漏水的大木篮
- 水生植物，包括浮水植物、供氧植物和边缘植物
- 小卵石或砾石
- 鹅卵石（可选）

"在种植之前，确保你满意水槽的位置。一旦装满了水，它移动起来就会相当费劲。"

我在这里使用的是回收利用的镀锌水槽，但是你可以使用各种容器，只要它们是不透水的。去当地的园艺中心找找看，如果想要选择更有个性一点的容器，你可以去当地旧货市场或者在购物网站上搜索复古物件。

水生植物

在购买植物时，确保它们适合你拥有的空间，并选择形成良好整体效果的多种形状和质感。供氧植物是保持水质新鲜和生态系统平衡所必需的。最终，植物和水的平衡有助于水保持清澈。你可能需要一点时间和调整才能找到正确的平衡，可以用砖垫在植物的花盆下面，增加它们的高度，从而提供良好生长所需的水深。

1 选择一块平整、坚实的地面作为摆放容器的场地。不要着急，花点时间从所有角度查看，一定要看看将它放在不同地方的效果。当你确信已经找到了最好的地点，将水平仪放置在容器顶部，检查并确认它在各个方向都是水平的。

2 我常常购买种在气孔花盆（使用穿孔塑料制造）里的树苗，然后重新利用这些花盆，将它们改造成种植水生植物的容器。只需将气孔塑料剪到合适的大小，然后用扎带将花盆捆绑成形。作为备选项，你也可以购买水生植物种植篮。

3 将花盆或种植篮摆放在水槽底部。牢记每棵植物的最终高度和尺寸，以确定效果最佳的摆放方式。如果需要的话，你可以在部分植物下面垫上砖块，将它们抬高。

4 在容器中填入一半水生土，然后放入植物，再填入水生土。令土壤表面位于容器顶端之下大约40毫米。

5 使用一层5毫米厚的砾石或小卵石盖住土壤表面，起固定土壤的作用。

6 为植物浇水，然后慢慢向水槽中灌水。让水稍稍溢出，带走水面上的浮土。如果你有已经存在的水景或者雨水收集桶，取一桶水加入水槽，帮助你的新水景建立健康的微型生态系统。

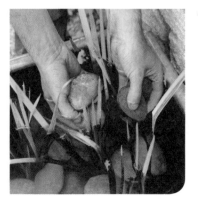

7 你还可以在水底铺一层鹅卵石。它们有各种不同的颜色和大小，而且光滑的质感能够大大提升水景的观赏效果。

建造

种植你的花园

"再也没有终于可以亲手种植新植物更令人兴奋的事情。"

引言

硬质景观元素已经安装完毕。现在，是时候使用你选择的所有美丽植物填满花园了。对我而言，种植是建造花园的过程中最令人兴奋的部分，这是一个使用形态、色彩和质感令空间生机勃勃的机会。

我喜欢创造花园的每一个阶段，但是种植物一定是最有趣的部分。在所有实用性和建造工作结束之后，当双手终于触摸到绿色的植物时，我的脸上总会浮现出笑容。就连在做展览园时，我也总是等不及，盼望着植物快点登场。

很多人对种植感到非常焦虑，但是实际上，唯一需要接近完美的软质景观元素是你的乔木和灌木，因为它们大概会长期存在。至于其他植物，在将来的二十多年时间里，你完全可以考虑要不要大洗牌。

有些事情你会做对，有些事情会做错，这是不可避免的，所以不要过于担心。只要你确保将植物种在正确的位置，提供有营养的健康土壤和充足的生长空间，其他应该随着时间逐渐完善。所以只需从中学习并享受这个过程。

"在种植任何东西之前，先将一些有机质挖入土壤中，为根系提供良好生长的最佳机会。"

软质景观营造的基本工具

要想让花园保持最佳外观，你需要许多精心挑选的多种切割和挖掘工具。我通常在冬天检查所有工具，然后将它们全都仔细清洁一遍，并用油性抹布擦拭。

6. 小刀

8. 手铲

1. 树剪

2. 锄子

10. 手叉

3. 草坪裁边工具

4. 园艺剪

11. 修枝剪

5. 修剪锯

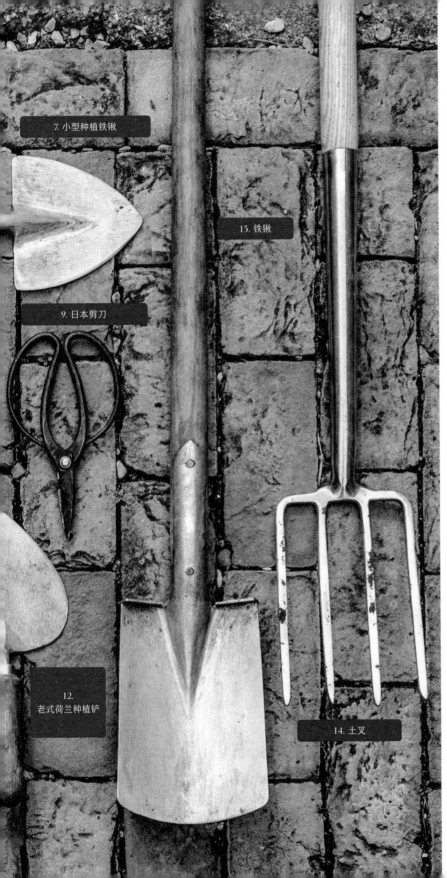

7. 小型种植铁锹

13. 铁锹

9. 日本剪刀

12.
老式荷兰种植铲

14. 土叉

切割工具

1. 树剪，用于修剪。

2. 锄子，用于锄草和整理土壤表面。

3. 草坪裁边工具，用于保持草坪边缘整齐。

4. 园艺剪，用于修剪绿篱和乔木旁边的长草。

5. 修剪锯，用于修剪粗树枝。

6. 小刀，用于切割园艺麻线和采集插穗。

9. 日本剪刀，用于切花，去除枯花和轻度修剪。

11. 修枝剪，用于修剪和短截。

挖掘工具

7. 小型种植铁锹，用于花盆大小2～3L的植物。

8. 手铲，用于小型植物的种植。

10. 手叉，用于除草时松土。

12. 老式荷兰种植铲 重量级铲，用于种植和松土。

13. 铁锹，用于挖掘，顶部设置踏面以保护鞋子。

14. 土叉，用于土壤的轻度挖掘，抬升、翻转和通气。

其他（未显示）

耙子，用于创造适宜的土壤耕作性，以及铺设草皮时夯实土壤。

为种草准备土地

禾草的种植和维护相对便宜，而且是覆盖花园较大区域的一种好方法。无论你是想播种草籽还是想铺设草皮（参见第204—205页），准备工作都是差不多的。你需要平整地基和细耕土壤。

你需要

○ 线和长钉，或喷涂线
○ 卷尺
○ 施工角尺，或勾三股四弦五角
○ 铁锹
○ 旋耕机（租用，如有必要）
○ 叉子
○ 大耙子
○ 滚子（可选）
○ 水平仪

"如果土壤状况不佳，最好的解决方案大概是购买优质表层土，给你的新草坪一个好的起点。"

如果想在花园里布置一片草坪，你应该问自己的第一件事就是想用它来做什么，以及愿意花多少时间来维护它。市面上有各种混合草籽和不同种类的草皮，每一种都是为特定用途设计的。只要做一点研究，你很快就能找到符合自己需求的种类，无论是维护要求低的还是质感细腻的草皮。

在我看来，不管是哪种草坪，关键在于拥有至少100毫米厚的优质表层土。下面的土地需要排水顺畅。表面应当紧实平整，最好有非常小的坡度，以便雨水顺畅排走。

选什么——草皮还是种子？

铺设草皮和播种草籽之间的巨大差别在于时间和金钱。如果选择铺设草皮，立刻就能得到一片草坪，而如果选择播种草籽，你必须等待它们生长并且需要处理杂草。然而种子的价格低得多。

何时铺设草皮或播种？

只要天气良好，全年都可以铺设草皮，但是在我看来，最好的时间是春季或夏末。播种草坪的最好时间是初秋或春末。

准备土地

选择天气好的日子干准备土地的重活儿，让土壤准备好接受草籽或草皮。

1 标记出想铺设草皮的区域。粗略挖掘该区域以打散土壤。如果这块区域较小，可以使用叉子，但是对于较大的区域，你需要使用旋耕机。确保清除杂草，尤其是多年生杂草，以及大石头和所有杂物。

3 使用你能拿得动的最大的耙子平整土壤表面，去除所有凹陷和凸起。

2 用叉子敲击土壤，大致平整该区域，清除石头、根以及所有大块硬土。

4 轻轻踩踏整个场地，让它尽可能平整。如果你愿意，也可以使用滚子。用耙子最后耙一次该区域，得到最终的平面。你应该得到细腻的土壤耕作性（有点像面包屑）。

如何播种草坪

种植草坪的最佳时机是初秋（最理想的时间是9月，土壤中尚有余温，种子还有足够的萌发时间）或春末。如果你在冬天播种，很可能萌发率不佳；如果你在夏天播种，幼苗会受到过于强烈的高温胁迫，很容易干枯死亡。人们常常过度播种，但是要得到健康的草坪，应该尽量避免这种情况。

1 草种包装袋应该有每平方米播种多少克种子的指示（参见第245—247页）。为了便于判断，你可以使用线和长钉标记出1平方米的面积，然后称量相应重量的种子，分成数把均匀地洒在该区域内（称为撒播）。一旦大致掌握每平方米需要多少种子，就能纯靠眼力撒播了。你还可以购买或租用草种撒播机。

2 用耙子或滚子轻轻处理该区域，以帮助将草种固定在土壤中，然后远离草地直到萌发。这应该发生在5～30天后。

铺设草皮

无论你梦想的是滚木球草地般修剪整齐的草坪，还是草长得更长、更像草甸的草地，铺设草皮都能比播种草籽更快地实现你的梦想。任何人都可以做这件事，它是一项相当简单且让人有满足感的工作，而且你会立刻得到一片草坪。

你需要

使用你的平面图和第245—247页的指导，计算下列材料的用量

○ 草皮

工具：

○ 大耙子
○ 锋利的刀子
○ 脚手板或木板
○ 滚子（可选）
○ 草坪裁边工具
○ 浇水壶或软管

你的草皮是分成若干块卷成卷出售的，但是在安排发货之前，确保已经准备好了场地。如果你能够将它们迅速铺设，可以暂时堆放；如果不能，找块地方将它们铺开，根据需要浇水。草皮就像是地毯块，应使用面积尽可能大的草皮。在铺设草皮时，我总是将它们横在面前铺设。虽然每块草皮的边缘很快就会融合起来，但是横向铺设从第一天起就更加美观。

等到草皮充分恢复之后再进行第一次修剪。即便在这时，我也从不修剪高度低于50毫米的草坪。将草皮修剪得过短是一个常见的问题，因为这会让草承受胁迫。

1 土地准备好之后（参见第202—203页），先铺设草坪的边缘，围绕草坪的预定形状创造出"框架"。使用脚手板，以免踩踏你准备好的土壤。确保草皮是平整的。用耙子的背轻轻地将它们夯实就位。

2 铺设好边缘之后，填充内部区域，草皮摆放方向应与来自房间的视线垂直而非平行。使用错缝式拼接（如同砌砖图案），以便完成第一排草皮的铺设后，用锋利的刀子将一块草皮切成两半，再开始铺设第二排。

4 在工作过程中，通过移动和踩踏脚手板，你会发现草皮被向下压实了。完成草皮的铺设后，再次使用脚手板下压场地，确保所有草皮都被整齐地向下压实。最后，为草皮浇透水。

3 将草皮铺好的关键在于拼接草皮的方式。如果对接得不够严密，草皮可能变干并收缩，会产生缝隙。所以，将每块草皮抵住相邻的草皮，保证严丝合缝。

"取决于一年当中的时间，草坪恢复生长后，你需要为它浇几次水。不要踩踏草地，因为脚步会破坏新长出来的嫩草，并让草坪高低不平。"

种植乔木和灌木

在为花园购买乔木和灌木时，无论你买的是根坨苗木还是裸根苗木，将它们种在形状和深度合适的坑里都很重要。大多数灌木不需要支撑，但是乔木种进地里之后，需要使用交叉或垂直立桩支撑，注意不要损伤根系。

你需要

- 铁锹
- 修枝剪
- 剪刀
- 大桶水或软管（取决于植物的大小）
- 菌根真菌（可选，刺激根系的良好发育）
- 水平仪
- 不含泥炭的堆肥、沙砾或者完全腐熟的粪肥（可选）
- 羊角锤
- 钉子
- 木桩（直径75毫米），一端带尖
- 大锤
- 橡胶扎带
- 手锯

乔木和灌木是带根坨（种在容器中或者使用织物包裹）或裸根出售的。容器中的苗木可以在一年当中的任意时间种植，而更便宜的裸根苗木只能在从冬季至初春的休眠期种植。

要为乔木和灌木提供长到最终高度和冠幅所需的足够空间。挖一个足够大的方形种植坑，这会刺激根系向外生长，但是不要种得太深，让根坨顶部刚刚露出地面即可。

"对于良好的乔木种植，关键在于正确地准备种植坑，并且不能将树种得太深。"

1 按比例尺平面图（如果你使用的话）标记位置。如果你种植带根坨的乔木或灌木，先测量根坨的大小，然后挖一个足以容纳根坨并在四边留出150毫米空隙的方形种植坑。

2 用铁锹作为对比检查根坨的大小，以确保种植坑的深度合适。对于裸根苗木，先剪去所有散乱或受损的根，并确保种植坑的大小足以保证乔木或灌木舒适地种在里面。

3 如果种植带根坨的乔木或灌木，先用水浸透植物根系，然后将植物从容器或包裹织物中取出。裸根苗木不必提前浸泡。将树根放在种植坑上方，洒一些菌根真菌，尤其是当你的花园位于新地点时。

4 将乔木或灌木放入种植坑，令茎的基部刚刚露出地面。它会稍稍沉降，所以不要种得太深。向后退几步，检查树干是否垂直。

5 逐渐将土壤回填到根系周围，并在这个过程中紧实土壤。如果从种植坑里挖出的土壤质地黏稠并呈团块状，我有时会在其中混入堆肥和沙砾（如果土壤状况真的很糟糕，我甚至会加入一些充分腐熟的粪肥），再回填到种植坑里。这有助于保持土壤质地更加细腻并减少土壤中的气穴。

6 你的新乔木或灌木将需要支撑。对于根坨苗木，使用交叉立桩（呈45°角）。用锤子将立桩砸进地面，然后用橡胶扎带将它和树固定在一起，绑紧，但不要太紧。小心地锯掉立桩过长的部分。对于新种植的乔木和灌木，在最初的一年或两年定期浇水，尤其是春天和夏天，最大程度地保证成功种植。

垂直立桩

裸根乔木也需要支撑，但是立桩可以和茎干平行（而不是像上面那样呈45°角交叉）。即便如此，在钉入立桩时也千万不能损伤根系。立桩就位之后，就可以回填土壤了。

种植宿根植物

宿根植物生长迅速，长势强健，这意味着它们可能胃口大开，很容易耗尽土壤中的养分。为了得到最好的结果，重要的是充分准备土壤、提供正确的生长条件，以及当心天气，确保这些植物不会在恢复阶段干枯。

你需要

- 不含泥炭的堆肥或充分腐熟的粪肥
- 沙砾
- 土叉
- 铁锹
- 耙子
- 手铲
- 菌根真菌（可选）
- 一桶水

"这是对我而言最棒的事，我喜欢陈列自己的植物，对种植图进行最终微调。"

包括宿根植物在内，所有新植株都需要能够轻松向外长出根系，以吸收水分和营养。想让它们拥有最好的起点，你需要确保土壤健康且肥沃。在开始种植的一两个月前，掘入一些有机质（如堆肥或充分腐熟的粪肥）是个好主意。如果排水存在问题，你还可以加入一些沙砾。

生长在容器中的宿根植物可以在一年当中的任何时候种在花园里——结冰或者极度炎热干旱时期除外，不过如果在春天或秋天将它们种在室外，较不容易受到环境胁迫。

1 标记出种植圃地后，就可以准备土壤了。先用叉子或铁锹翻地，在这个过程中清除所有杂草、老根以及大石头或土块。然后混入一些有机质，令土壤平整并感觉容易进行种植。

2 将植物带花盆摆放在
圃地中，如有需要可
参考种植图（参见第
146—147页）。仔细查
看标签，确认它们的
株高和冠幅最终会长
到多大，然后留出相
应空间。这是进行最
终调整的时机，所以
要保证一切感觉合适。

4 将每棵植物从花盆中
取出，然后整理根系
使之疏松。

5 我通常将每棵植物的
根放入一桶水中浸泡，
直到不再冒泡。然后
就可以准备种植了。

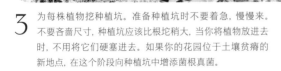

3 为每株植物挖种植坑。准备种植坑时不要着急，慢慢来。
不要吝啬尺寸，种植坑应该比根坨稍大，当你将植物放进去
时，不用将它们硬塞进去。如果你的花园位于土壤贫瘠的
新地点，在这个阶段向种植坑中增添菌根真菌。

6 将每株植物放入其种植坑中，回填土壤，用手压实土壤
以免产生较大气孔。为新植物充分浇水。留意天气状况，
不要让植物在恢复期间脱水干枯。

种植球根植物

春日色彩的降临令人欣喜。在我看来，球根植物不但为花园提供了另一层趣味，而且它们的到来为新的一年揭开了序幕。不过要记住，球根植物不只增添春色，还有很多球根植物是供夏季观赏的。

你需要

○ 草坪裁边工具
○ 结实的铁锹或铲子
○ 长柄球根植物种植器（可选）
○ 浇水壶
○ 花盆
○ 沙砾
○ 不含泥炭的堆肥

"将色彩鲜艳的盆栽郁金香种植在房子附近，你就更有可能在春季的每一天欣赏它们。"

种球种植深度

无论你使用哪种种植方法（见对页），都需要根据不同类型将种球种植在各自的深度。我在下面举了一些例子，但是作为普遍性原则，种球的种植深度需要是自身高度的2—3倍。如果你不能确定，种球的包装上应该详细标明了需要遵从的种植深度。

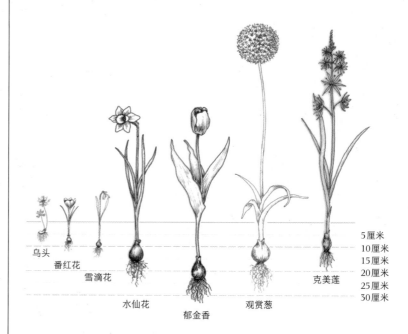

不同球根植物的种植深度

在草地中种植球根植物

如果我要用球根植物营造自然效果，让它们像在野外生长时那样扩散，例如我最喜欢的原生郁金香物种野郁金香，我通常会种植一些较大的群体，然后从该群体向外扩散种球。

1 大致确定你想将群体种球种在哪里以及想要的效果。向后退几步，想象看到它们的样子。然后用草坪裁边工具切掉该区域的草皮。

2 铲起草皮，小心地将它放到一边，得到下面裸露的土壤。根据你种植的球根植物的种类，挖掘到所需深度（见左图）。

3 按照需要的深度和间隔放置种球。在这里，我用的是喇叭水仙。然后带着土壤一起小心地重新铺回草皮，向下轻轻压实。充分浇水。

种进花盆

盆栽种植会为你提供灵活性。我喜欢将花盆摆放在能够从房子里看到的地方，或者将它们设置在步行去开车的路径沿途。

1 选择一个干净的容器，并且大小适合你要种植的种球数量。如果不确定种植间距，查看包装上的种植指南。提醒一下，盆栽球根植物时，我通常会种得密一点。

2 我将大多数球根植物种植在一种排水良好的混合基质中，它是用一份沙砾和三份不含泥炭的堆肥构成的。将混合基质装入花盆，填充至球根植物所需的高度。

3 将种球种植在正确的深度（见右图），然后覆盖更多堆肥混合基质和一两把沙砾。

种植"绿苗"

我喜欢将这种方法用于花境，在秋天将种球种在花盆里，然后在种球长出茎后（通常是初春）将它们种在室外的地里。通过使用这种方式，我可以真正理解它们将长成什么样子。

享受ENJOY

"在我看来，你的花园每天都有可享受的东西。"

引言

从春天的新绿到冬季的荒芜，我喜欢观看花园中的四季变迁。花园是放松身心，与自然亲密接触的最佳地点。拥有一座花园是非常特别的。在学习照料它的过程中，你会开始享受每个季节的馈赠。

对于需要做的事情、所有的时机以及涉及的工作量，不少新园丁都会有点担心，但其实并没有那么难。如果你每天花几分钟在花园里逛一圈，就会开始明白园丁的一年是有节奏的，有些时期花园需要你付出更多或更少的时间。当你需要在花园里多干一点额外的工作时用心学习，一年当中的其他时间就会容易得多了。

在这一章，我展示了我是如何照料自己的花园的，但是在实际中，你在哪个月完成特定任务并不需要一成不变。一些任务在不同月份出现了几次，但它们可能只需要做一次就行。很多事情还取决于你在哪里生活，例如，春天在南方比在北方来得早。所以只能将这些清单用作花园任务的框架，而不要死板地按照里面的时间来。

"一些任务在不同月份出现了几次，
但它们可能只需要做一次就行。"

1月

1月常常让人感觉是花园里最糟糕的一个月。寒冷的天气和潮湿的土地或许意味着你最好待在屋子里。不过，仍然有一些工作可以做，例如准备空圃地以及种植裸根植物。你可以利用待在室内的时间计划这一年的花园事宜。

快速检查清单

- 清理落叶和杂物。
- 挖掘空圃地。
- 种植裸根乔木、灌木和结果灌丛。
- 保护植物，如有必要，清理植物上的雪。
- 给鸟类和野生动物喂食。
- 订购种子。

在你的花境和菜园中

- 经常用耙子清理落叶和积累下来的冬季杂质，保持花园的整洁。

- 如果地面没有冰冻，也不过于潮湿，就开始为春天准备土壤。挖掘空圃地，撒一层有机质，例如腐熟粪肥或堆肥。

- 开始清理你的宿根植物。要记住，某些茎和花序即便死去，看上去也很美。

- 用无纺布覆盖脆弱的植物，帮助它们抵御寒风和霜冻，如果你之前还没有做这件事的话。

- 使用黑色塑料布或无纺布隧道温暖菜园的土壤。

- 用网罩住所有幼嫩植物，保护它们免遭鸟类破坏。

仙客来

草坪养护

- 寒冷天气会让禾草变脆，容易受到伤害，所以在冬天尽可能远离草坪。

乔木、灌木和攀缘植物

- 如果地面没有冰冻，种植裸根乔木、灌木、月季和结果灌丛。

- 检查并确认乔木和灌木都有立桩固定，以防止它们遭到大风的冲击，并确保攀缘植物和贴墙灌木都牢固地绑扎在各自的支撑结构上。

- 如果乔木和灌木的大树枝埋在雪下受压，应将雪清扫掉，防止它们受到损伤。

- 对过度生长或拥挤的木本植物进行更新修剪，逐渐剪去不理想的枝条。

- 修剪苹果树和梨树标准苗。

- 修剪紫藤，剪短至留下至少两个芽，并去除死亡或受损部位。还要修剪已经开完花的冬花灌木。

- 你可以在这时移动成年落叶乔木和灌木。挖出尽可能多的根坨，然后立即重新种植。充分浇水，如有必要，立桩固定。

其他工作

- 利用在室内的时间，提前计划你想种植的东西，并订购种子。

- 对育苗托盘、花盆和工具进行清洗和消毒。

- 清理容器中的死亡植物。如果气温允许的话，种植新的植物，并覆盖一层土护根。

- 如果你有温室的话，可以开始播种了。

- 记得给鸟类和其他野生动物喂食。

1 冬菟葵（*Eranthis hyemalis*）的黄花是年初的一道欢快景色。

2 落叶后，华中悬钩子（*Rubus cockburnianus*）呈现出一丛醒目的苍白色枝条。

3 在一年当中的这个时候，金缕梅（*Hamamelis*）不但看上去很漂亮，而且还有非常美妙的气味。

2月

虽然是最短的月份，但2月有时会让人感觉极为漫长。但是记住，春天就要到来（但愿如此）。利用这个月真正开始思考这一年，如果天气允许的话，开始为这个生长季准备花园。

快速检查清单

- 分株球根植物"绿苗"。
- 挖掘所有尚未挖掘的剩余空圃地。
- 通过混入有机质（如充分腐熟的粪肥或堆肥）改良所有不再冰冻的土壤。
- 开始播种蔬菜的种子，为马铃薯催芽。
- 修剪紫藤和夏花攀缘植物。
- 开始除草。

铁筷子

在你的花境和菜园中

- 经常用耙子清理落叶和积累下来的冬季杂质，继续保持花园的整洁。

- 如果地面没有冰冻，也不过于潮湿，就开始为春天准备土壤。挖掘空圃地，撒一层有机质，例如腐熟粪肥或堆肥。

- 继续清理宿根植物和观赏草，剪去死亡枝叶和种子穗。

- 若有任何宿根植物生长得超出其既定空间，将它们挖出并分株，重新种植在有更多生长空间的地方。

- 开始使用保护设施播种耐寒一年生植物，但是不要播种太多种子，因为低光照水平会导致植株细弱。幼苗长出第一批真叶以后，进行疏苗并移栽到花盆里。握持幼苗的真叶而不是茎。

- 在雪滴花等球根植物开过花后进行分株，但要在它们仍有绿叶时进行（种植"绿苗"，参见第211页）。

- 提前行事，在温室或冷床中播种一些蔬菜。现在还是给马铃薯催芽的时候。

- 用网罩住所有幼嫩植物，保护它们免遭鸟类破坏。

- 用锄头除草或者用手拔草，如果杂草已经长大，应挖出整个根系。

1 当花园里看不见其他花的时候, 雪滴花颔首低垂的漂亮花朵始终是一道特别宜人的景致。

2 2月会带来花期早的渐变番红花, 漂亮的紫色小花铺得满地。

3 蜡梅 (*Chimonanthus* praecox), 一种长势苗壮的灌木, 花朵气味甜香, 很适合种在路过时可以闻到花香的地方。

草坪养护

- 不要走在受过霜冻的草坪上, 因为这会让草受损。

- 在比较温暖的地区, 你可能需要开始为草坪割草了。对于第一次割草, 将刀片设置得高一点, 只剪去草坪草的顶部, 以免削弱它们。

乔木、灌木和攀缘植物

- 如果天气温和, 地面没有冰冻, 种植裸根乔木、灌木、月季和结果灌丛。

- 检查并确认乔木和灌木都有立桩固定, 并确保攀缘植物和贴墙灌木都被牢固地绑扎, 以免受到风吹的损伤。

- 修剪紫藤, 剪短至留下至少两个芽, 并去除所有的死亡或受损部位。

- 冬花灌木的花期过后, 将它们剪短, 为下一年的生长做准备。

- 继续修剪苹果树和梨树标准苗。

其他工作

- 清理容器中的死亡植物。如果气温允许的话, 种植新的植物, 填土并覆盖一层护根。

3月

3月是快乐的新开始，也是许多园丁最盼望的月份。更长的白天和明媚的阳光意味着种子萌发，球根花卉绽放，早花灌木开始开花。这是万物骤然复苏的时节！

快速检查清单

- 继续除草。
- 为圃地和花境铺设护根土。
- 剪短柳树和红瑞木。
- 种植裸根乔木、灌木和月季的最后机会。
- 随着天气转好，修剪草坪。
- 提防蛞蝓和蜗牛。

1

2

在你的花境和菜园中

- 仍然有时间铺设一层护根土，例如充分腐熟的粪肥，以抑制杂草并保持土壤中的水分。

- 清理宿根植物和观赏草。剪去死亡枝叶和种子穗。

- 挖出生长超出其既定空间的宿根植物，分株，然后重新种植在有更多生长空间的地方。

- 使用充分腐熟的粪肥或堆肥为花境中的土壤施肥。

- 去除春花球根植物的枯花（但不要清理叶片），以免它们将全部能量用于制造种子。

- 继续在保护设施中播种蔬菜。

- 用网罩住早熟作物，保护它们免遭鸟类破坏。

- 在月底种植第一批早熟马铃薯。

- 杂草一旦长出，说明天气温暖得足以室外播种。继续控制杂草，一旦长出就用锄头除掉。

水仙花

草坪养护

- 草坪可以更经常地修剪，但只能在温和、干爽的天气修剪。现在你可以将刀刃设置得更低一些，但剪去的部分千万不能超过最上面的三分之一。记得使用裁边工具修理边缘。

- 这是给草坪一点额外关注的时候。在接近月底时，使用肥料施肥，提升草坪的长势。为裸土斑块重新播种草籽。

- 考虑对草坪进行翻松和通气。这有助于翻出死去的苔藓和草，并增加草坪的透水性。通气是帮助水、空气和养分穿透草坪草根系的好方法。

- 如果天气足够温暖，你可以在这时铺设新的草皮。

乔木、灌木和攀缘植物

- 冬花灌木的花期一旦结束，就将它们剪短，为下一年的生长做准备。

- 这是种植裸根乔木、灌木和月季的最后一次机会，所以在此时将它们种进地里或花盆里。

- 结束对苹果树和梨树标准苗的冬季修剪。

- 剪短柳树和红瑞木，刺激新枝生长。

其他工作

- 挖出所有自播形成的乔木树苗。你会常常在绿篱下面落鸟的地方找到它们。

- 在春季清洁花园家具，准备在夏天使用。

- 为植物驱赶蛞蝓和蜗牛。为了抵御它们，我通常在花盆和容器中使用羊毛毛球，在花境中使用线虫。

1 天气允许的话，你可以在春天开始铺设新的草皮。

2 开花早的 '乔治' 网脉鸢尾（*Iris reticulata* 'George'）拥有丝丝质感的深紫色花，非常适合为早春时节增添色彩。

3 野郁金香是我喜欢的原生花卉之一，我将它们自然式栽植在绿篱下，还种在我的果园里。

4月

———

随着新的叶片和早开的花开始充满花园，就算是熟练的园丁在这个月也常常忙得不可开交。白天变得更长，这很好，因为有许多工作要做，特别是如果你想种植蔬菜的话。不过此时仍然存在晚霜的可能性，所以要做好保护娇嫩花朵的准备。

快速检查清单

○ 挖掘和分株宿根植物。
○ 剪短宿根植物和观赏草的最后机会。
○ 设置植物的支撑结构。
○ 使用保护设施播种耐寒一年生植物。
○ 通过翻松和通气改善草坪。
○ 继续控制杂草。

在你的花境和菜园中

- 继续为土壤施肥，掘入有机质，例如充分腐熟的粪肥和堆肥。

- 这是宿根植物开始生长之前最后一次通过去除死亡材料清理它们的机会。

- 继续留意在圃地中变得拥挤的宿根植物。将它们挖出，分株，然后重新种植在有更多生长空间的地方。

- 在这个月月底种植不耐寒的夏花鳞茎和块茎植物。

- 使用保护设施播种耐寒一年生植物。幼苗长出第一批真叶后，挑选看上去长势苗壮的幼苗并移栽到花盆里。握持幼苗的真叶而不是茎。

- 为较高的宿根植物设置立桩和植物支撑结构。

- 在室内和室外播种蔬菜种子。你还可以移栽作物，用钟形玻璃盖或无纺布保护不耐寒的植物，以及种植第二批早熟和主力马铃薯。

- 用网罩住早熟作物以抵御鸟类。

- 使用堆肥和优质表层土填满花台。使用均衡缓释肥为植株施肥。

- 继续用手拔、锄头和挖掘的方式除草。

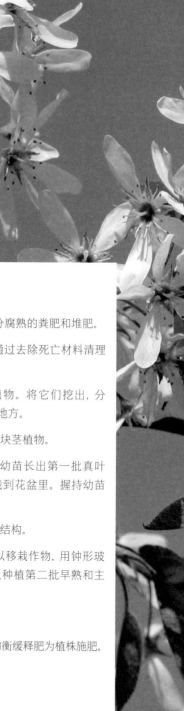

大戟

草坪养护

- 调低割草机的刀刃,将草割得更短一些。割掉的部分不能超过最上面的三分之一。

- 为草坪施肥以提升长势,并处理苔藓和其他杂草。

- 考虑对草坪进行翻松和通气。这有助于翻出死去的苔藓和草,并帮助水、空气和养分穿透草坪草的根系。

- 继续播种或铺设新草皮,保持充分浇水。

乔木、灌木和攀缘植物

- 修剪夏末开花的铁线莲。将植株剪短到膝盖高度,一团花芽之上。使用通用肥料施肥并用作护根。

- 修剪常绿灌木,剪去死亡、受损或染病部位。

- 种植新的常绿乔木和灌木。这也是移动成熟乔灌木的好时机。

- 使用粪肥、堆肥或均衡肥料为月季施肥。

其他工作

- 控制病虫害,尤其是蛞蝓和蜗牛。为了抵御它们,我通常在花盆和容器中使用羊毛毛球,在花境中使用线虫。

- 有一些新鲜基质覆盖在花盆和容器表面,如果它们已经装满基质,就更换顶部5厘米厚的基质。

- 清理铺装表面。拔除杂草,清扫干净,然后用硬毛刷和肥皂水擦洗。如果真的很脏,使用稀释漂白剂溶液(远离植物)。最后用干净的水清洗。

1 拉马克唐棣是一种非常漂亮且不遗余力的乔木,全年有景可赏。春花尤其美丽。

2 "米勒深红"日本报春(*Primula japonica* 'Miller's Crimson'),为春天的花园增添一抹可爱的颜色。

3 如果天气足够温暖,在室外播种一年生种子。

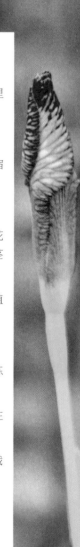

5月

——

此时花园真的是热火朝天。伴随着更温暖的气温和更长的白天，也许你会考虑举办今年首次户外烧烤会。如果你在这个月真正地掌控一切，那么今年剩下的时间都将水到渠成。许多春花球根植物将凋零，但是在它们后面，你可以安排很多东西作为衔接。

快速检查清单

○ 在长期干旱时为花园浇水。
○ 将夏季观赏植物移栽室外。
○ 播种生长迅速的晚花一年生植物。
○ 对不耐寒植物炼苗。
○ 绑扎攀缘和蔓生月季。
○ 留意晚霜。

在你的花境和菜园中

- 按照需要为花园除草。在温暖干燥的天气扛着锄头在花园里转一圈，看到杂草就动手，这是消灭它们的好办法。

- 剪去春花球根植物的枯花，但留下叶片，任其变黄。

- 随着生长速度加快，注意变得拥挤的圃地。继续挖出并分株宿根植物，得到新的植株。春花球根植物如水仙花也可以分株。

- 对耐寒一年生植物进行分株，为它们提供更多生长空间。

- 对某些晚花草本宿根植物进行"切尔西式修剪"，以错开花期。将三分之一的茎剪短三分之一，再将另外三分之一的茎剪短三分之二。

- 在本月月底，将夏季花坛植物移栽室外，并将耐寒一年生植物移栽到圃地和容器中。

- 为较高的宿根植物设置立桩和植物支撑结构。

- 移栽不耐寒幼苗（包括半耐寒一年生植物）之前，先进行炼苗。可能有晚霜，准备好使用无纺布或圆形玻璃罩保护它们。

- 开始播种烹饪香草。红花菜豆和南瓜的种子可以直接播种在户外准备好的圃地中。

- 在长期干旱时经常为植物浇水，确保盆栽植物和所有新移栽的植物不脱水干枯。

- 随着马铃薯的生长，在它们基部培土。

紫藤

草坪养护

- 每周割一次草坪。割掉的部分不能超过最上面的三分之一。

- 考虑对草坪进行翻松和通气。这会翻出死去的苔藓和草，并帮助水、空气和养分穿透草坪草的根系。

- 继续播种或铺设新草皮，保持充分浇水。

乔木、灌木和攀缘植物

- 将攀缘和蔓生月季绑扎到支撑结构上。进行水平方向的整枝，刺激形成更多侧枝和花。

- 修剪花期过后的春花铁线莲。

- 使用富含矿物质的缓释肥提升乔木、绿篱和其他灌木的生长速度。

- 轻度修剪常绿绿篱，但要注意鸟巢。

其他工作

- 控制病虫害，尤其是月季黑斑病以及蛞蝓和蜗牛、叶蜂。

- 使用新鲜基质补充到容器中，每2～3个月使用均衡液态肥施肥一次。

- 在温暖的天气打开玻璃温室。

1 '热带之光'鸢尾（Iris 'Tropic Night'）是我喜欢的植物之一，与水杨梅和老鹳草种植在一起效果很出色。

2 这种花色深红的'红宝石波特'耧斗菜（*Aquilegia vulgaris* 'Ruby Port'）很适合营造村舍花园的感觉。

3 提早设置植物支撑结构意味着它们会随着植物的生长被隐藏起来。

6月

这个月拥有全年最长的白天，而所有额外光线会制造出丰富的花朵。继续除草，用一年生不耐寒植物填补空隙，保证整个夏天都有花可赏，并尽可能多花时间在户外欣赏花园。

快速检查清单

- 绑扎攀缘和蔓生月季。
- 经常割草坪。
- 整理绿篱。
- 控制病虫害。
- 剪短早花宿根植物。
- 明智地用水。

毛地黄

在你的花境和菜园中

- 按照需要，继续用锄草或挖掘的方式为花园除草。

- 确保盆栽植物和新移栽的植物不脱水干枯。明智地用水。用堆肥护根有助于保持土壤中的水分，还可以提供养分。

- 剪短早花宿根植物（如耐寒老鹳草），刺激形成新鲜叶片和更多花。

- 去除枯死花头以刺激重新开花，除非你要收集种子。

- 如果花园里有空隙，可以移栽夏季花坛植物，为种植方案增加色彩。

- 种在保护设施中的不耐寒幼苗可以移栽室外。

- 用网罩保护较小植株上正在发育的果实。

- 开始直接将二年生植物的种子播种在地面上。

- 如果需要的话，确保植株绑扎在支撑结构上或者使用立桩固定。

草坪养护

- 经常割草坪。割掉的部分不能超过最上面的三分之一。

- 别忘了检查草坪上的杂草。

- 确保在春天新铺草皮或播种的草坪区域不会在长期炎热中脱水干枯。

乔木、灌木和攀缘植物

- 一些早花灌木可在此时进行修剪,如丁香、绣线菊、金雀花和溲疏。

- 保持绿篱修剪整齐,但要当心鸟巢。轻度修剪常绿绿篱。

其他工作

- 控制病虫害,尤其是蛞蝓和蜗牛。为了抵御它们,我通常在花盆和容器中使用羊毛毛球,在花境中使用线虫。

- 留意蚜虫,尤其是在叶片背面。将它们搓下来或者采用盆栽皂基杀虫剂杀灭。

- 长期干旱时,每天为容器和吊篮浇水,每2～4周使用液态肥料施肥。

- 在受干旱影响的地区明智地用水,"如果可能的话,使用雨水或回收生活用水"。

> "如果花园里有空隙,可以移栽夏花圃地植物,为花境增添更多色彩。"

1 经常去除植物的枯花,令花境保持整洁的外观并帮助植物储存能量。

2 欧白芷(*Angelica archangelica*)是一种令人难忘的二年生植物,可以长到2米高,有硕大的伞形花序。

3 作为一种很受授粉动物青睐的植物,'艳红'蓟(*Cirsium rivale* 'Atropurpureum')的酒红色与蓝色鸢尾和浅橙色水杨梅的搭配效果非常好。

7 月

我爱这个月！花境看上去棒极了，有许多可爱的气味，而且有很多蔬菜可以收获。确保在天气干旱时浇水，但最重要的是，一天的工作结束后在漫长的傍晚到室外去，欣赏花园有多么可爱。

快速检查清单

- ○ 经常浇水，尤其是在长期炎热干旱期间。
- ○ 定期去除枯花。
- ○ 继续移栽蔬菜幼苗。
- ○ 为月季施肥。
- ○ 剪短紫藤的树枝。
- ○ 准备播种新草坪。

葱

在你的花境和菜园中

- 在持续时间长的干旱期间经常为植物浇水，保证盆栽植物和新种植的植物不会脱水干枯。明智地用水。将堆肥用作植物基部周围的护根有助于保持土壤中的水分，还可提供养料。

- 继续去除枯死的花，以刺激更多花形成，除非你准备收集种子。

- 剪短花期过后的宿根植物，刺激形成新的叶和花。

- 这个月仍然有许多直接在室外播种的东西，包括二年生植物和蔬菜的种子。

- 继续将生长在保护设施中的托盘或花盆里的蔬菜幼苗直接移栽到室外土地。

- 继续检查是否有植物需要绑扎或立桩，包括攀缘生长的蔬菜。

草坪养护

- 经常割草坪。割掉的部分不能超过最上面的三分之一。

- 如果你打算在这一年播种一片新草坪,此时开始准备土地。

乔木、灌木和攀缘植物

- 修剪花期结束的早花灌木,如丁香、绣线菊、金雀花和溲疏。

- 为月季施肥,促进第二批花开放,并在植株基部周围覆盖护根以保持水分。

- 修剪攀缘植物,包括春花铁线莲。

- 对果树进行夏季修剪,例如苹果树和梨树,并进行疏果。

- 将长而纤细的紫藤枝条剪短到距离主干第七个芽。

- 确保攀缘植物牢固地绑扎在其支撑结构上。

- 修剪和整理绿篱,但要当心鸟巢。

其他工作

- 采取措施控制病虫害,包括蛞蝓和蜗牛。为了抵御它们,我通常在花盆和容器中使用羊毛毛球,在花境中使用线虫。

- 长期干旱时,每天为容器和吊篮浇水,每2～4周使用液态肥料施肥。在受干旱影响的地区明智用水,如果可能的话使用雨水或回收生活用水。

- 保持池塘和水景充满干净的水。

- 如果你要去度假,安排一位朋友照看花园,给植物浇水。

- 给花园拍一些照片,记下你想在今年晚些时候做的改变或移动。

1 现在是剪短紫藤长而纤细的枝条的好时间。

2 '红丝绒'委陵菜(*Potentilla* 'Monarch's Velvet')的花期很长,适合用在阳光充足的花境中。

3 地中海刺芹(*Eryngium bourgatii*)形似蓟花的硕大蓝色花序为种植方案增添了一种多刺的张力。

8 月

暑假应该是充分利用花园的时候，因为这时候天气最热。这是在户外与家人和朋友烹饪和用餐的好时机。让花园保持良好状态，在炎热干旱的天气浇水，为盆栽植物施肥。

设 计 DESIGN · 建 造 BUILD · 享 受 ENJOY

快速检查清单

- 在长期炎热干旱时为植物浇水。
- 继续定期去除枯花。
- 订购春花球根植物
- 修剪攀缘和蔓生月季。
- 为圃地和花境中的宿根植物施肥。
- 播种生长迅速的沙拉作物。

在你的花园和菜园中

- 如果出现旱情，应在傍晚或早晨为新植物浇水。明智地用水。将堆肥用作植物基部周围的护根有助于保持土壤中的水分，还可提供养料。

- 继续去除枯花，以刺激更多花形成，并保持花园外貌整洁，除非你准备收集种子。

- 使用液态肥为长势不振的宿根植物施肥。

- 剪短已经枯死的茎叶。将外表美观的花和种子穗留在原地，令秋季和冬季有景可赏。

- 将立桩设置在花园各处，并用标签展示你计划在这一年晚些时候挖掘和分株什么植物。

- 在菜园中，继续播种生长迅速的沙拉作物，例如莴苣、小萝卜和芝麻菜。

亮蛇床

草坪养护

- 在此时对果树进行夏季修剪，以维持良好的形态并充分享受光照，如果你尚未做这件事的话。

- 如果你打算在这一年播种新的草坪，此时可以准备土地，如果你尚未做这件事的话。

乔木、灌木和攀缘植物

- 修剪不重新开花或不结蔷薇果的攀缘和蔓生月季，将死亡、染病或受损的枝条剪短至地面或某个健康的芽。

- 花期结束后修剪攀缘灌木，并将长而纤细的紫藤枝条剪短到距离主干第七个芽。

- 在此时对果树进行夏季修剪，以维持良好的形态并充分享受光照，如果你尚未做这件事的话。

- 清扫落在月季下面的树叶并烧光它们，以防黑斑病滋生。

- 修剪和整理绿篱，但要当心鸟巢。

其他工作

- 控制病虫害，尤其是蛞蝓和蜗牛。为了抵御它们，我通常在花盆和容器中使用羊毛毛球，在花境中使用线虫。

- 经常为容器和吊篮中的植物浇水，每2～4周使用液态肥料施肥。在受干旱影响的地区明智用水，如果可能的话使用回收生活用水或雨水。

- 如果你要去度假，安排一位朋友照看花园，给植物浇水。

- 订购秋季种植的春花球根植物。

- 给花园拍一些照片，记下你想在今年晚些时候做出的改变或移动。

1 现在是收获番茄等作物的时候。这是让孩子们参与花园劳动的好方法。

2 '格特鲁德·杰基尔'月季（Rosa 'Gertrude Jekyll'）是我一直以来最喜欢的月季，花期可以持续整个夏天。

3 地榆（Sanguisorba）和虞美人的紫色和粉色相得益彰地融合在一起。

9月

这是一年中的欢乐时光,光照条件优良,叶片逐渐变色,浆果开始出现。丰硕的收获总是让我想起祖父,一位热衷于种植蔬菜的园丁。现在是冬季降临之前开始清理花园的完美机会。

快速检查清单

- 采集和保存种子。
- 开始种植春花球根植物。
- 在地里种植新的宿根植物、乔木和灌木。
- 为冬天准备菜园。

在你的花境和菜园中

- 这是为了下一年进行种植的关键时刻。将春花球根植物种在土壤中,但是先别种郁金香。室内播种的二年生植物此时可以移栽室外了。这个月还是种植新宿根植物和直接播种耐寒一年生植物的好时候。继续为新种植的植物浇水。

- 定期去除夏季枯花,除非你想收集它们结的种子。用纸袋将收集到的种子保存在凉爽干燥处。

- 剪下已经枯死的宿根植物,冬季可赏的枯花和种子穗除外。

- 开始分株草本宿根植物,并将它们移栽到拥有足够生长空间的地方。

- 为冬季准备蔬菜圃地。清理旧植被,移除支撑结构,挖掘圃地,播种越冬蔬菜。

松果菊

草坪养护

- 草坪草的生长速度没那么快了, 所以你可以降低割草频率。稍微提高割草机的刀刃, 以免削弱草坪草。

- 考虑对草坪进行翻松和通气。这会翻出死去的苔藓和草, 并帮助水、空气和养分穿透草坪草的根系。翻松和通气后施加秋季草坪肥料, 让草坪做好越冬准备。

- 这是播种草坪草种子或者铺设新草皮的好时候。

乔木、灌木和攀缘植物

- 修剪不重新开花或不结蔷薇果的攀缘和蔓生月季, 将死亡、染病或受损的枝条剪短至地面或某个健康的芽。

- 种植新的乔木和灌木。

- 修剪夏末开花的灌木, 在冬季降临之前最后整理一次常绿绿篱。

- 清扫落在月季下面的树叶并烧光它们, 以防黑斑病滋生。

其他工作

- 控制病虫害, 留意白粉病或锈病。

- 如果你的花园土壤是重黏土, 这是混入有机质以改良土壤结构的好时机。

- 这仍然可能是一个炎热干旱的月份, 所以在有旱情的地区继续明智用水, 如有可能使用回收生活用水或者雨水。

- 清理温室, 做好秋季使用的准备。

- 拍照记录9月的花园, 记下今后你想做出的改变。

1 采集你最喜欢的草本宿根植物的种子穗。

2 柳叶马鞭草 (*Verbena bonariensis*) 朦朦胧胧的紫色花对蜜蜂和蝴蝶极具吸引力。细长坚硬的茎可以长到1.8米。

3 开过低垂的黄色花朵后, 甘青铁线莲 (*Clematis tangutica*) 会结出毛茸茸的果。

10月

　　这是一个优雅的月份，有许多美丽的秋色，而我喜欢看到花园的结构再次展现出来。随着秋天变得越来越短，我们倾向于回到室内，但花园里仍然有很多事可以干。现在是为冬天做准备的时候，如果你还没有种植春花球根植物，这时候种也不迟。

快速检查清单

○ 挖掘和分株拥挤的簇生宿根植物。
○ 继续种植春花球根植物。
○ 继续采集你最喜欢的植物的种子。
○ 为圃地和花境铺设护根。
○ 播种草籽的最后机会。
○ 清洁和存放花园家具。

连香树

在你的花境和菜园中

● 剪短已经开始枯死的宿根植物，留下可以增添冬季结构性的漂亮枯花或种子穗。

● 采集种子，将它们储存在凉爽干燥处。

● 分开过于拥挤的簇生宿根植物，将植株挖出并分株。

● 继续种植春花球根植物（郁金香除外）。

● 铺设较厚的护根以保护不耐寒的宿根植物，或者剪短它们的茎，然后挖出植株并储存在凉爽干燥处。

● 将护根铺在圃地和花境的裸土上。使用自制堆肥、腐叶土或园林垃圾，铺至少4厘米厚。

● 如果你种植蔬菜的话，清理旧植被，移除支撑物，挖掘圃地，混入充分腐熟的粪肥。现在还是种植洋葱和大蒜的好时候。

● 对成年大黄的根茎进行分株，制造新的植株。

● 继续为新种植的植物浇水，如有必要的话。

1 戴氏全缘金光菊（*Rudbeckia fulgida* var. deamii）制造大量带有中央深棕色锥形结构的黄色头状花序。

2 '黑爵士'藿香（*Agastache* 'Blackadder'）很适合为花境增添一点高度。蝴蝶也很喜欢它。

3 鸡爪槭（*Acer palmatum*）的秋色特别漂亮。

草坪养护

- 草坪草的生长速度已经变慢，此时你可以降低割草频率。提高割草机的刀刃，以免削弱草坪草。

- 这是你可以对草坪进行翻松和透气以清除死亡材料和改善根系健康的最后一个月。这还是你播种草籽的最后机会。如果不过于寒冷或潮湿，还可以铺设草皮。

乔木、灌木和攀缘植物

- 修剪不重新开花或不结蔷薇果的攀缘和蔓生月季，将死亡、染病或受损的枝条剪短至地面或某个健康的芽。

- 此时可以种植裸根乔木、灌木和月季，以及盆栽乔木、灌木和攀缘植物。

- 清扫落在月季下面的树叶并烧光它们，以防黑斑病滋生扩散。

其他工作

- 清洁户外家具，覆盖，然后储存到某个干燥的地方。

- 清理铺装表面。拔除杂草，清扫干净，然后用硬毛刷和肥皂水擦洗。如果真的很脏，使用稀释漂白剂溶液（远离植物）擦洗。最后用干净的水清洗。

- 在植物枯死之前拍照，作为下一年制订计划时它们生长地点的提醒。

11月

我喜欢11月的光线，夏季的景色差不多已经过去，花园开始呈现出浪漫的冬日气氛。不要被早霜搞得措手不及，做好保护不耐寒植物的准备，并且现在就开始提前为下一年做各项准备工作。

快速检查清单

- 完成春花球根植物的种植，开始种植郁金香。
- 种植裸根乔木和灌木。
- 挖掘空圃地并铺撒粪肥。
- 保护盆栽植物免遭霜冻。
- 用耙子拢起落叶。
- 最后一次割草坪。

在你的花境和菜园中

- 种植最后一批春花球根植物，气温一旦下降就开始种植郁金香。

- 继续分开过度拥挤的簇生多年生植物，将植株挖出并分株。

- 铺设较厚的护根以保护不耐寒的宿根植物，或者剪短它们的茎，然后挖出植株并储存在凉爽干燥处，如果你之前还没有这样做的话。

- 剪短已经开始枯死的宿根植物，留下可以增添冬季结构性的漂亮枯花或种子穗。

- 继续在裸土上覆盖护根，使用充分腐熟的粪肥、自制堆肥、腐叶土或园林垃圾。

- 随时清理落叶，尤其是在草坪上和池塘里。如果有空间的话，将它们存放起来制作腐叶土。

- 最后整理一次花境，在冬天之前清理剩余杂草。

- 清理菜园中剩下的作物，收拾支撑物，挖掘圃地并混入充分腐熟的粪肥。

十大功劳

1 '唐卡斯特'蔷薇（Rosa 'Doncasterii'）有光泽的细长红色蔷薇果看上去有点像红辣椒，在冬天非常漂亮。

2 保护不耐寒的植物，使用细绳固定，将园艺无纺布覆盖在它们上面。

3 紫葛（Vitis coignetiae）生长迅速，有壮观的秋色。

草坪养护

- 对草坪进行本年度最后一次修剪，然后清洁并收好割草机。留意冬季会积水的地方，这有助于指导第二年的改善工作。

乔木、灌木和攀缘植物

- 修剪不重新开花或不结蔷薇果的攀缘和蔓生月季，将死亡、染病或受损的枝条剪短至地面或某个健康的芽。还要修剪花境中的月季。降低它们的高度有助于防止冬季大风产生的振荡。

- 裸根乔木、灌木和月季可以在这时种植。盆栽乔木和灌木也仍然可以种植。

- 你可以移动成熟落叶乔木和灌木，因为它们此时处于休眠期。挖出尽可能大的根坨，立即移栽。充分浇水，如有必要，别忘了立桩固定。

其他工作

- 用无纺布或粗麻布包裹盆栽植物，帮助它们抵御霜冻。或者将它们搬到室内。

- 检查工具，进行必要的维护。

12月

寒冷的气温和更短的白天让12月成为待在室内壁炉旁翻阅种子目录的理想时间。但是要保证你仍在花园各处走动。随着一切都赤裸相见，你可以在这时看看是否需要增添更多冬季趣味或结构。

快速检查清单

○ 清理落叶和杂物。

○ 清扫树枝上的积雪。

○ 种植裸根乔木、灌木和月季。

○ 挖掘和准备蔬菜圃地。

○ 开始为下一年做计划。

○ 订购种子。

在你的花境和菜园中

● 经常用耙子清理花园中的落叶和杂物，如果有空间的话，将它们储存起来制作腐叶土。

● 清理遭受霜冻的宿根植物。要记住，某些植物的茎和花序即使枯死，看上去也很漂亮。

● 如果霜冻降临，留意有无任何花境植物、球根植物或灌木随着土壤的冰冻和膨胀向上涌出地面。如果发生了这种情况，将它们轻轻压回去。

● 只要没有霜冻，你就可以挖掘蔬菜圃地，铺撒充分腐熟的粪肥或堆肥。

金缕梅

"现在是观察花园结构骨架的时候。"

草坪养护

- 霜冻会让草坪草变脆, 容易受损, 所以在冬天尽可能离开草坪。

乔木、灌木和攀缘植物

- 确保攀缘植物、灌木和乔木牢固地绑扎在其支撑结构和立桩上。
- 修剪苹果树和梨树标准苗。
- 将乔木和灌木上的积雪摇晃下来, 以防造成损伤。
- 只要地面没有冰冻, 你就可以将裸根灌木、乔木和月季种进地里。
- 可以移动成熟落叶乔木和灌木, 因为它们此时处于休眠期。挖出尽可能大的根坨, 立即移栽。充分浇水, 根据需要立桩固定。

其他工作

- 用无纺布或粗麻布包裹盆栽植物, 帮助它们抵御霜冻, 如果你尚未做这件事的话。或可将它们搬到室内。
- 开始为下一年的生长季做计划, 订购新鲜种子。

1 欧洲红豆杉 (*Taxus baccata*) 可以形成浓密漂亮的绿篱, 并且可以修剪成各种形状, 以搭配任何花园风格。注意, 这种植物全株对人有毒。

2 '大理石纹' 意大利疆南星 (*Arum* italicum subsp. italicum 'Marmoratum') 有光泽的深绿色箭头形叶片为冬季增添了极大的趣味。

3 冬花铁线莲拥有漂亮的花, 在寒冷的月份将花园点亮。

有用的信息

测量你的场地

在开始任何建造工作之前,你需要计算台地的坡度、确定如何沿着斜坡设置高低错落的栅栏面板,或者决定你的花园可以舒适地容纳多少级台阶。使用下面的建议帮助你确定实施建造项目的方式。

注意,在这本书里我同时使用了公制和英制单位。无论你使用哪种单位,都要确保一致性,对同一个项目全部使用公制单位或全部使用英制单位。我在这里使用公制单位,只是因为这样更简单。

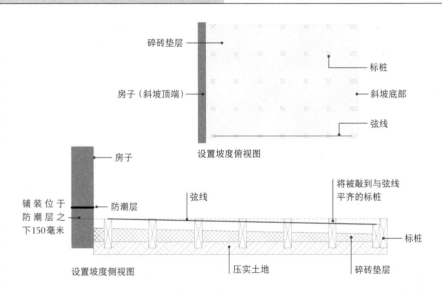

设置坡度俯视图

设置坡度侧视图

有用的信息 USEFUL INFORMATION

设置便于雨水流走的坡度

为铺装设置一个较小的坡度有助于雨水轻松流走,不致于产生积水或者让你的房子出现潮湿问题。购买材料时,你的供应商会提供推荐倾斜度的相关信息。倾斜度以比率的形式表现,通常是1:40和1:100之间,这是你的铺装所需的落差。

如果你要在房子旁边建造一个露台,那么铺装表面最好应该位于防潮层之下150毫米。(这条规则并不一定适用于所有情况,但是在打破它之前应先好好调查一下你面对的实际情况。)注意房子砖墙底部附近砖块之间的一条黑色衬垫,这就是防潮层。

如果你的露台拥有1:80的落差,那就意味着对于每80单位的距离,高度应该下降1个单位。例如,如果你的露台从房子向外延伸2米,即2000毫米,那就用2000毫米除以80,得到的结果是25毫米。所以露台距离房子最远的一端应该低25毫米。挖掘好铺装区域之后,下一步就是用下面这些方法标记出坡度。

1 以斜坡顶部为起点,向着远离房子的方向,沿着直线在整个场地设置标桩。将所有标桩敲到最终的铺装高度。使用水平仪检查整个场地的水平。确保在斜坡底部敲入一行标桩,保持它们和其他标桩平齐。

2 在斜坡底部每个标桩的旁边各敲入一个标桩,令其顶部位于斜坡底部所需的高度。

3 在斜坡顶端标桩和底部较矮标桩之间拉一条正对房子的弦线。确保它是绷紧的。走回到斜坡顶部,开始沿着这条线向下敲入其他标桩,令它们与这条线平齐。

4 然后将场地中的其他标桩向下敲进地面,让它们在斜坡的每个点上都与沿着弦线排列的标桩平齐。使用水平仪和一块笔直的木板检查整个场地的高度。这些标桩是铺设铺装时确认高度的良好参考点。

5 使用铅笔和三角尺在标桩上标记碎砖垫层的高度。记得从顶端测量,并留出铺装材料和砂浆基层的高度。

6 将碎砖垫层铺设到标桩上标记的高度之后,向下夯实场地,并使用平板振动夯将场地全部向下压实。现在你可以铺设铺装材料了。

检查木桩是否水平

　　为检查木桩是否水平,可跨越木桩顶部放置一块笔直的木板,然后将你的水平仪放在上面。如有必要,调整木桩的高度。如果你的木桩需要沿着一面不均匀的斜坡下降,就将一块厚度与所需落差相等的木块放置在下坡木桩上(见最右侧图示的木桩B)。然后像之前那样使用木板和水平仪检查是否水平。你可以使用木桩B检查下一根木桩的高度,以此类推。

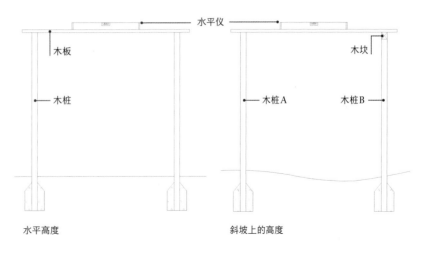

水平高度　　　　　　　　　斜坡上的高度

沿着斜坡安装错落式栅栏

　　如果你要使用预装面板在一面斜坡上竖起栅栏,就必须沿着斜坡将木桩错落安装。换句话说,栅栏的轮廓就像台阶一样沿着斜坡延伸。通常而言,木桩的长度需要比面板高度长至少600毫米,但是在安装错落式栅栏时,为了容纳高度上的较大变化,你可能需要更长的木桩。

　　计算栅栏长度和高度落差,然后将高差均匀分布在相邻木桩之间。

　　在开始竖起任何栅栏之前,先画出比例尺施工图是个好主意,因为你将需要确定如何让面板沿着斜坡错落排列。如果斜坡比较陡,每块面板下方很可能会出现足以钻过孩子或宠物的空隙。如果出现这种情况,你需要使用砾石板填补空隙。

案例

沿着长30米、落差1000毫米的斜坡边界竖起栅栏。一块栅栏面板和一根木桩加起来的宽度是1.9米(参见第247页)。用边界长度除以面板加木桩的宽度,计算出需要多少块木板:30/1.9 = 15.8,取整数为16。

然后用高差除以面板数量,计算出每块面板的落差:1000毫米/16 = 62.5毫米。

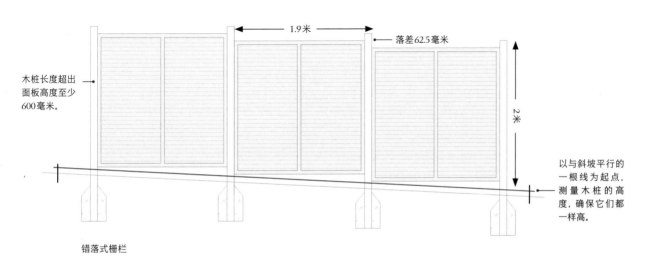

错落式栅栏

台阶相关计算

在建造台阶时，你需要知道垂直和水平测量结果。台阶的开始和结束高度是垂直测量结果，水平测量结果是台阶在花园中延伸的距离。你需要从斜坡顶端和底端的固定点测量。

有一种简单的方式可以计算出你能够舒适地安排多少级台阶。首先，用垂直高度除以每级台阶的高度，计算出台阶数量。然后你可以用水平测量结果除以台阶数量，得出踏面进深。通常而言，台阶的标准高度大约是150毫米，而踏面进深不应小于300毫米，但是如果你拥有足够大的空间，可以设置得更宽敞。至关重要的一点是，所有台阶都必须是同一高度，否则它们很容易绊倒人。

可能会存在很多变量，所以不要着急，花点时间确定最好的选择。你也许空间有限，也许可以随意将台阶延伸到花园中的任意地方。有时你可以通过稍微挖出或提高挡土墙的方式调整垂直高度，在这种情况下，可以稍微调整计算结果。你选择的材料也可能影响计算，而你也许需要将材料切割到适应的尺寸。

砖砌台阶

标准砖的高度是65毫米，再加上厚10毫米的砂浆，所以两层砖的高度是10毫米+65毫米+10毫米+65毫米，即150毫米，非常适合作为一级台阶的高度。

案例1

垂直测量结果是435毫米。将垂直测量结果除以台阶高度，得出台阶数量：435/150=2.9级台阶。

这个结果接近3级台阶，所以你可以稍微降低台阶高度。将435除以3，结果是145毫米，所以你可以让台阶比标准高度稍低一点，以容纳3级台阶。

案例2

垂直测量结果是495毫米：495/150 =3.3级台阶，向下取整得3。

你需要稍微增加台阶高度，以容纳垂直测量结果。首先，将台阶高度乘以3：

3 × 150毫米 = 450毫米

然后用你的垂直测量结果减去这个数字：

495 − 450 = 45毫米，分摊到3级台阶上，45毫米/3 = 15毫米每级台阶。将其增加到标准台阶高度上：

150毫米+15毫米 = 165毫米。

所以3级台阶中每个台阶的高度是165毫米。为确保这个数字的正确性，用台阶高度乘以数量：

165毫米 ×3 = 495毫米。

接下来，你需要算出踏面的进深，但是要记住，踏面进深会直接影响台阶在花园中延伸的距离。如果空间有限，情况会变得复杂起来，因为这会限制台阶的进深。

案例3

垂直测量结果是435毫米。你已经计算得出，你可以拥有3级台阶，每级台阶的高度是145毫米。

水平测量结果，或者说你可以将台阶延伸到花园里的最大距离，是1200毫米。用这个数字数除以3级台阶，得到踏面进深：

1200毫米/3 = 400毫米。

案例4

垂直测量结果是435毫米。如果你只能将台阶在花园里延伸700毫米，那么你需要重新计算如何舒适地安排台阶：700毫米/3 = 233.3毫米。这比标准进深300毫米小，而且太浅了。你需要重新计算台阶的数量。重新进行计算，看看如果将台阶数量减少为2会怎么样。你将需要计算新的台阶高度：

435毫米/2 = 217.5毫米。

计算新的踏面进深：

700毫米/2 = 350毫米

所以对于垂直测量结果为435毫米、水平测量结果是700毫米的台阶，最好的选择是2级台阶，每级台阶高217.5毫米，踏面进深350毫米。

计算用量

在开始建造之前，重要的是精确计算出所需材料的数量。使用你的比例尺平面图，按照下面的建议帮助计算用量。

注意，本章节的所有计算结果都是估算。咨询你的建筑材料供应商，获取特定材料的用量相关建议，或者如果你在线订购的话，使用在线计算器检查所有结果。

检查直角

建造时面临的挑战之一是确保每个直角都绝对垂直。你可以使用勾三股四弦五角的方法制造精确的90°角。

它的原理来自古希腊数学家毕达哥拉斯（Pythagoras）的一个发现，即边长之比为3：4：5的三角形都是直角三角形。一条边长3个单位，另一条边4个单位，最长的边5个单位。你可以用线和长钉构成一个边长为3：4：5倍数的三角形（例如30：40：50厘米或3：4：5英寸），那么较短两条边所夹的角一定是直角。

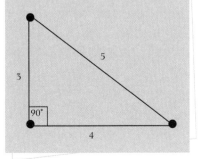

多少碎砖料？

碎砖料的构成有很大差异，因此覆盖范围有将有所不同。因为碎砖垫层除了面积，还涉及厚度，所以你需要使用立方单位计算体积。通常而言，体积 = 宽度 × 长度 × 高度。

案例

一座台地的面积是3米 × 4米 = 12平方米。如果要将碎砖垫层铺到100毫米（0.1米）厚，计算碎砖料用量时，用面积乘以深度：12平方米 × 0.1米 = 1.2立方米。

多少砂浆？

对于建筑工程，我通常为1平方米的施工区域留八袋至十袋水泥，这对普通景观营造来说也是一个相当准确的数字。在计算制造砂浆所需的砂子和水泥的体积时，将总体积除以比例数之和。然后按照需要的比例数乘以这个数字。

案例1

一座台地的面积是3米 × 4米 = 12平方米。如果要将砂浆铺到40毫米（0.04米）厚，用面积乘以深度：12平方米 × 0.04米 = 0.48立方米。然后你需要根据砂浆混合物的构成比例，计算水泥和砂子的用量。对于砂子和水泥以6：1的比例混合而成的砂浆，将总体积除以7：0.48 /7 = 0.0686立方米。
所以，一份水泥是0.0686立方米，而六份砂子是6 × 0.0686 = 0.4116立方米。

例子2

对于砂子和水泥以4：1的比例混合而成的砂浆，将总体积除以5：0.48 /5 = 0.096立方米。
所以，一份水泥是0.096立方米，而四份砂子是4 × 0.096 = 0.384立方米。

多少砾石？

砾石有多种类型、外观和大小。它们还被装进不同大小的袋子里。如果要覆盖较大区域，包装袋越小，你花的钱就越多。购买散装砾石将更划算。

我通常使用购买碎砖料时使用的计算方法，即面积乘以深度。然而别忘了和你的供应商核对，因为覆盖范围会有差异。

例子

一座台地的面积是3米×4米 = 12平方米。要将砾石铺到30毫米，所需砾石的体积是12平方米×0.03米 = 0.36立方米。

多少栅栏面板和立桩？

检查你的比例尺平面图。测量需要立栅栏的边界，然后用测量数字除以栅栏面板和木桩的宽度之和。你需要为每块面板搭配一根木桩，第一块面板除外，它需要多一根木桩。例如，如果你拥有十块面板，将需要总共十一根木桩。记住木桩的长度需要比面板高度长至少600毫米。

例子：

一条边界长30米。
一块栅栏面板宽1.8米。
一根木桩宽100毫米（0.1米）。
一块面板 + 一根木桩 = 1.8 + 0.1 = 1.9米。
所需栅栏面板的数量是30/1.9 = 15.8，向上取整是十六块面板和十七根木桩。
注意，十六块栅栏面板 + 十七根木桩 = 16×1.9米 + 0.1米 = 30.5米。所以最后一块栅栏面板（最好是距离视线最远的那块）需要切割成合适的尺寸。

多少板材或砖块？

想要计算你的台地需要多少铺装板块或砖块，就使用这种简单的计算方法。

然后将平方米转换为平方毫米。再计算一块板材或砖块的面积，以平方毫米表示。接下来，用1平方米除以一块板材或砖块的面积，计算每平方米所需的板块或砖块数量。

然后用台地面积乘以每平方米所需数量，得到所需板材或砖块总数，并加上百分之十的损耗。损耗程度可能根据图案和材料而有所差异。

如果你担心自己不能准确地计算出结果，可以使用众多在线铺装计算器之一。或者你的供应商也许能够帮助计算。

我需要多少草皮？

草皮以平方米为单位出售，所以你也要使用这个单位计算面积。

案例

将要铺设草皮的草坪面积为3米×3米 = 9平方米。加上百分之十到二十的损耗（取决于形状）。
9 + 0.9（百分之十损耗）= 9.9，向上取整为10平方米。
9 + 1.8（百分之二十损耗）= 10.8，向上取整为11平方米。

案例1

露台的面积为3米×4米 = 12平方米。
一块板材的面积为600毫米×450毫米 = 270 000平方毫米。
1平方米 = 1 000 000平方毫米。
1平方米所需的板材数量为1 000 000/270 000 = 3.7，向上取整数为四。
12平方米所需板材数量为12×4 = 48。
加上百分之十（4.8）的损耗：
48 + 4.8 = 52.8，向上取整，一共需要五十三块板材。

案例2

路径面积是1.5米×10米 = 15平方米。一块砖的面积是215毫米×65毫米 = 13 975平方毫米。
1平方米 = 1 000 000平方毫米。
1平方米所需的砖块数量为1 000 000/13 975 = 71.5，向上取整为七十二。
15平方米所需板材数量为72×15 = 1080
加上10%（108）的损耗：
1080 + 108 = 1188，一共需要1188块砖。

注意，在计算建造一面高9英寸的砖墙需要多少块砖时，记住你需要两层砖。不过，如果墙的背部是看不到的，你可以使用更便宜的砖或者混凝土块作为替代。

我需要多少草籽？

草籽是按克出售的，而你需要计算播种区域有多少平方米。对于你想播种的草籽种类，检查其播种密度，因为取决于不同的种子，播种密度可以在每平方米35～70克变动。

案例

草铺铺设区域的面积是4米×6米 = 24平方米。如果播种密度是每平方米70克，那么24平方米所需的种子重量是70×24 = 1680克（1.68千克）。

词汇表

集料

在建筑行业，集料指的是一大类用于建造工程的粗颗粒，包括砾石、碎石和砂子等。

一年生植物

在一年之内完成从种子到开花再到种子的完整生命周期的植物。植物的所有根、茎和叶片每年死亡一次。只有休眠的种子连接两个世代之间的空隙。

二年生植物

需要两年完成生活史的植物。在第一年，植物生长根系、叶片和茎。在第二年，茎生长得更长，花发育并开放，种子形成，然后植株死亡。

黏结面

在碎砖垫层非常坚硬且无弹性时，它常常用于帮助铺设砾石。我通常使用石碴。

球根植物

从种在地下的"球根"长出的植物。球根包括鳞茎、球茎和根状茎。通常而言，在春天或夏天开花后，它们会失去地上部分，包括花、茎和叶，并通过植物储存器官中的养分和水分活过这一年剩余的时间。

攀缘植物

通过将自己连接在其他植物或物体上，向上生长的植物。某些种类使用卷须或吸盘支撑自己，而另一些种类需要绑扎在支撑框架上，例如框格架子。

混凝土

混凝土是水、石碴和水泥的混合物。混合比例根据用途变化。它通常用于墙壁下的基础，但在花园中也有其他不同的用途。

落叶植物

这个术语指的是每年脱落叶片（通常是在秋天）然后在第二年长出新叶（通常是在春天）的乔木或灌木。叶片脱落之前常常变色，然后逐渐掉落，直到树枝变得光秃秃的。

常绿植物

全年保留叶片的植物，它们在一整年里脱落老叶和长出新叶，所以永远不会有裸露的树枝。

基础

基础是用在砖墙或台阶下的坚固耐久的根脚，保证所有结构的稳定性。通常而言，它的建造方法是挖一条沟，填充混凝土，向下夯实直到坚实平整，然后静置至少24小时等待混凝土凝固，但通常需要等得更久。

花岗岩小方块

通常而言，这些是为铺装路面和小径制造的矩形小石块。

半耐寒一年生植物

不喜冰冻土地的一年生植物，所以最好在所有霜冻风险已经过去的晚春种植。或者年初先将它们种在室内，然后再移栽到室外。

半耐寒/不耐寒宿根植物

如果在霜冻天气留在室外，不耐寒宿根植物无法存活。你也可以将它们留在室外，然后每年使用新植株替换。

硬质景观营造

这个术语指的是用于花园和景观设计的建筑材料，例如石材、木材、砖块、混凝土、钢材和砾石。

耐寒一年生植物

可以在秋天或初春直接播种在地里的植物。和不耐寒一年生植物不同，它们可以忍受一定程度的霜冻，不过如果情况特别严重的话，最好用无纺布保护它们。

绿篱

绿篱是一行种植密集的灌木或乔木，可使用常绿或落叶植物，树枝紧密交织，形成屏障和野生动物栖息地。

砂浆

该术语用于形容砂子、水泥和水的混合物。它通常用于黏结砖石砌体结构和铺设铺装材料。

自然式种植

如果你见到一种植物的标签上写着"适于自然式种植"，它的意思是这种植物会在你的花园里不规则地自然扩散，年复一年地重新出现。水仙花和郁金香的某些类型自然式种植在粗糙草丛里时效果特别好。

宿根植物

从本质上说，这些植物可以生活数个生长季，通常每年冬天地上部分枯死，第二年春天从同一根系重新生长。一些种类寿命短，而另一些种类可以活很多年。宿根植物没有木质茎，为花境带来花朵和果实。一些种类被归为常绿植物，或非草本植物，它们全年保留叶片。而草本宿根植物在冬天地上部分枯死。它们的根存活于地下，而植株在春天重新生长，再次完成为期一年的生活史。

比例尺

在设计花园时，我们用比例尺换算实际地形的测量结果，将它们缩小到能够安排在一张纸上的尺寸里。这意味着我们可以轻松地设计整个空间，并使用测量结果得到有用的信息，例如所需材料的用量。它通常以比率的形式表示，例如 1∶50 或 1∶100。

灌木

木本植物，通常比乔木小，数根主茎从地面或近地面处升起。

模板

用于容纳凝固中的混凝土或者用于支撑沟渠侧壁的木板。

原生郁金香

自然生长在野外的郁金香。它们通常更小，和专门为观赏用途培育的更大更醒目的郁金香相比，有一种更加低调的美丽。

软质景观营造

软质景观描述的是用于花园和景观设计的植物材料，例如乔木、灌木、宿根植物、观赏草和球根植物。

萌蘖习性

一些植物通过萌蘖的方法扩散，它们是长势茁壮的新生茎和根系，从植株现存根系或茎基部长出。如果不想让植物扩散，最好移除萌蘖，因为它们会消耗植物的能量。

夯实

压实、平整并去除所有气穴。夯实确保材料表面例如砂子或混凝土均匀水平。

不耐寒一年生植物

它们常常是来自热带气候区的一年生植物，只要有一点霜冻侵袭，就会完全死去。

草皮

草皮基本上由草和一层被草的根系固定的土壤构成。你可以购买成卷的草皮，用于铺设草坪。

伞形花序

这种花序形状看上去有点像一把雨伞，许多短短的花梗从一个共同点伸出（就像伞的伞肋）。它们可能顶端平整，或者几乎呈球形。拥有典型伞形花序的植物包括峨参、茴香和莳萝。

基本建筑材料

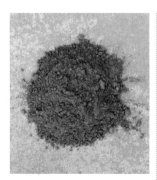

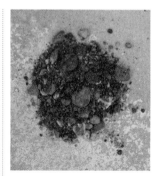

水泥

一种粉状黏结剂，与砂子或石碴以及水混合，凝固后形成一种坚固耐久的材料。水泥与砂子和水混合，形成砂浆；如果与石碴和水混合，则形成混凝土。

在混合铺设铺装材料所用的砂浆时，使用水泥和净砂比例为1:6的砂浆混合物；若用于砌造墙体，应该使用比例在1:3和1:5之间的水泥和细砂。

从极深的深灰色到浅灰色，水泥有多种不同的颜色。选择与你的石艺或砖艺搭配，并且与当地建筑风格协调的颜色。

砂子

建造工程使用的砂子不止一种类型。不同的砂子有相当特定的用途，不要随便替换。

细砂（soft sand），又称建筑工人砂（builder's sand）或砌砖砂（bricklaying sand），用在建造墙壁和台阶时使用的砂浆混合物中，还用于砖砌结构的勾缝和打底。

净砂（sharp sand），一种更加粗糙、沙砾感更强的砂子，制造的砂浆混合物用作板材或砖块铺装的基层，或者用在砖块镶边之下。

细窑干砂还可用于填充砖块铺装的缝隙。

石碴

石碴是一种粗集料，由砂子、砾石，以及多种较小和较大的颗粒混合而成。当它与作为黏合剂的水泥结合时，所有颗粒胶结在一起，形成坚固耐久的混凝土。

和砂浆混合物一样，取决于混凝土的用途，水泥和石碴的比例可以在1:6和1:12之间变动。

碎砖料

使用碎砖料创造坚固的垫层，在这个垫层上建造路径、车道和负重地面（例如一座露台）。铺设碎砖料后，你需要将它压实，得到一个坚固、平整的垫层，用于在上面铺设最终的完工表面。

这种集料又称MOT1型料（MOT Type 1）、1型料（Type 1）、道路碎料（road planings）和底基层（sub base），由压碎的采石废料、建筑垃圾、岩石和砾石构成。

碎砖料的成分在不同地区有所差异，而且分为不同的等级，越干净的，价格一般越高。

适用于特定工作的砂浆

对于不同用途，砂浆——水泥和砂子的混合物——有不同的混合成分。如果你要进行垂直方向的施工，例如建造墙壁和台阶，或者进行打底和勾缝，需要按照1:4的比例将水泥和颗粒细腻的细砂混合起来。如果你要进行水平方向的施工，使用砂浆基床铺设板材或砖块，或者用在砖块镶边下面，那么可以按照1:6和1:8之间的比例将水泥和净砂混合起来。

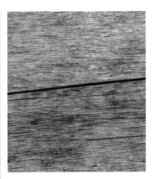

砾石

砾石是一种松散、有装饰性的集料，由碎石块制造而成，并根据颗粒大小进行分级。主要有两种类型：洁净砾石（clean gravel）和自胶结砾石（self-binding gravel）。

洁净砾石可能来自采砾场或河床，也可能是通过开采和压碎沙岩、石灰岩或花岗岩制造出来的（豆砾就是一种洁净砾石，由小而光滑的圆形石头构成）。

自胶结砾石是多种尺寸砾石的混合物，既有较大的颗粒，也有质地细腻的材料。压实后会形成坚固的表面。

砖块

虽然大多数砖块都是黏土制造的，但它们有多种多样的颜色、饰面、质感和尺寸，以及极大的价格范围。标准尺寸是215毫米×102.5毫米×65毫米；老式砖可能使用英制尺寸。某些砖拥有平整表面，而另一些砖的表面有凹陷。铺设在地上（例如一条路径）的砖需要有防冻能力。面砖是常用于建造花园墙壁的砖；更便宜的普通砖或混凝土砖用于建造墙壁的后层，因为它们是看不到的。对于地下构造，我通常使用工程砖，因为它们结实而且特别耐霜冻。

砖块是分批送达施工现场的。由于不同批次的砖在颜色和质地上可能存在差异，所以应同时使用不同批次的砖，得到漂亮的混合效果。

铺装材料

铺装材料有多种选择，但最大的差别存在于自然石材和混凝土之间。

不同地区有不同类型的铺装自然石材，这取决于该地区的地质情况。取决于你购买的是当地石材还是进口石材，价格会有巨大差异。应从合理采购材料且有声誉的供应商那里购买石材。记住，因为它是一种自然材料，所以铺在室外的石板会和环境因素发生作用，做出和铺在室内的石板不同的反应。

混凝土制品通常比石材更经济划算。

除了按照平方米出售之外，天然石材和混凝土铺装板通常都有面积更小的块状材料。

木材

可用于花园建造的木材主要有两种类型，硬木和软木（参见第58—59页）。硬木是两者中更昂贵的，而且随着老化变得更漂亮。软木也可以看上去很棒，尤其粉刷或染色后。

对于硬木，你可以买到"新材"（最近砍伐的木材）或"干燥木材"（烘干、风干或晾干）。和干燥木材相比，新材会随着时间的推移稍微扭曲和变弯。

很多用于建造的木材是软木。为确保不发生腐烂，可对它进行加压或防腐处理。

在购买木材时，应检查木材是否笔直，是否破裂，以及是否有太多瘤。使用信誉良好的供应商提供的木材，以保证木材的来源合规。

索引

致谢

图片版权

出版方感谢下列人士慷慨允许复制他们的照片：(注释：a-上；b-下/底；c-中；f-远；l-左；r-右；t-顶)

123RF.com: Petr Baumann 112br, Tatiana Belova 234c, Elena Burditckaia 59bc, claudiodivizia 59br, Stefano Clemente 33, Nataliia Kolomeitseva 27clb, lianem 113bc, lzflzf 98bc, mysikrysa 15c, Andrew Oxley 232–233, Radka Palenikova 107cr, Gerald Reindl 124bc, rootstocks 99bl, Dmytro Tolmachov 214tl, 224tl, Yoshie Uchida 120tl, Iva Vágnerová 238cl, Birute Vijeikiene 105bc, 210tl, Natasha Walton 100–101r, 116c; **Alamy Stock Photo:** A Garden 65b, A.D.Fletcher 95br, age fotostock 104bl, Avalon / Photoshot License 93r, 94bc, 97c, 125tl, Bloom Pictures 238–239, Tomek Ciesielski 152–153, Joel Douillet 106bl, RM Floral 97tl, Florapix 98cr, Tim Gainey 107clb, Garden World Images Ltd 44–45, 98cl, 100br, 104bc, 105br, 106tr, 113cl, 124c, 125bl, 125br, GFK–Flora 102bl, John Glover 98tr, 100bc, 121bl, Michele and Tom Grimm 94br, Steffen Hauser / botanikfoto 256–257, Frank Hecker 95tr, Miriam Heppell 4tr, 224–225, 226–227, Holmes Garden Photos 105tl, imageBROKER 108bl, 112tl, 222–223, Martin Hughes-Jones 101cr, 116br, LianeM 113tl, John Martin 99bc, 113clb, mauritius images GmbH 59tc, Rex May 100tl, 102br, 120cl, 125tc, 125tr, 226bl, Gerry McLaughlin 107bl, Michael David Murphy 108bc, Malcolm Park / Alamy Live News 36–37, Jacky Parker 105tr, Jaime Pharr 105bl, Pix 109cr, John Richmond 101bc, Margaret Welby 105bc; **Depositphotos Inc:** simoneandress 106br, Vilor 106clb; **Dorling Kindersley:** Zia Allaway / RHS Chelsea Flower Show 2012 99cr, 113tr, 108tr, Peter Anderson 101br, 117tr, 108tr, Peter Anderson / RHS Chelsea Flower Show 2011 30–31, Peter Anderson / RHS Hampton Court Flower Show 2014 48tr, Mockford and Bonetti / Fondazione Bioparco di Roma 82br, Brian North / Waterperry Gardens 126b, RHS Tatton Park 228c, 123RF.com: Taina Sohlman / taina 14bl, 123RF.com / Veronika Surovtseva / surovtseva 59tr, Mark Winwood / Dr Mackenzie 218–219, Mark Winwood / Hampton Court Flower Show 2014 27br, 107crb, Mark Winwood / RHS Chelsea Flower Show 2014 117cr, Mark Winwood / RHS Wisley 27bl, 97bc, 98br, 101tc, 102bc, 103c, 103cr, 104tr, 113crb, 117tl, 120br, 124bl, 212tc, 219tc, 219tr, 228–229, 254–235; **Dreamstime.com:** © Peregrine 94tr, 116tl, © Christian Weiß 103tl, Wiertn 109c; **Adam Frost:** 2, 8bl, 8br, 9tl, 9tr, 9bl, 9bp, 10–11, 12tl, 12b, 14c, 15b, 29, 32t, 32b, 38tr, 38b, 40t, 40b, 46t, 48bl, 50t, 54–55, 58t, 58bc, 60, 61, 64, 65t, 66t, 68, 69, 70br, 71, 71t, 73t, 74, 75, 76b, 77b, 79t, 79bl, 80tr, 80br, 81, 86–87, 88, 90, 91t, 91bl, 97cr; **GAP Photos:** Elke Borkowski. Design:Robert Myers 73b, Stephen Studd. Designer: Adam Frost. Sponsor: Homebase 130–131; **Garden World Images:** John Martin 99tl; **The Garden Collection:** FP / Purta 108br; **Getty Images:** L Alfonse 70bl, Anne Green-Armytage 120bc, Chris Burrows 106cr, CatLane 214br, Christopher Fairweather 97cl, Kate Gadsby 100bl, Masafumi Kimura / a.collectionRF 95tl, Ryan McVay 77t, Clive Nichols 70t, 91br, Photographed by MR.ANUJAK JAIMOOK 95bc, Carol Sharp 107br, Frank Sommariva 94bl; **Jason Ingram:** 8bc, 38tl, 211bc; **Rex by Shutterstock:** Bob Gibbons / Flpa / imageBROKER 101bl, 117bc; **Shutterstock:** Bernd Schmidt 109tl; **SuperStock:** Eye Ubiquitous 45tr, 47, 71b, 78b.

封面图片：前：**Adam Frost:** bl; 后：**Alamy Stock Photo:** A Garden bc; **Adam Frost:** clb; **GAP Photos:** Heather Edwards tr; **Jason Ingram:** cb; Spine: **GAP Photos:** Elke Borkowski t.

所有其他图片 © Dorling Kindersley
更多信息见：www.dkimages.com

来自亚当

对于生活的轨道携我所去之处，我至今仍然感到有点惊奇，但若不是我身边的人们，这些事情都不可能成真，这本书也不例外！首先要感谢DK出版社团队；挑出一个名字放在其他名字前面，这感觉不太对。所以在这里向你们所有人表示诚挚的谢意，感谢你们的付出。还要感谢朱丽叶·罗伯茨 (Juliet Roberts)，与你共事非常愉快！感谢皇家园艺学会，尤其要感谢休·比格斯 (Sue Biggs)、克里斯·扬 (Chris Young)和瑞伊·斯宾塞-琼斯 (Rae Spencer-Jones)多年来的支持。书中的照片真的很有助于故事的讲述。少数照片是我拍的，还有一些来自我的老朋友塔茨 (Tats)，但大部分照片是詹森·英格拉姆 (Jason Ingram)和萨拉·卡特尔 (Sarah Cuttle)的作品，你们两位的技术真是流的。感谢我家里的团队，你们都是我心中的明星。感谢迈克 (Mike)和威尔 (Will)伸出援手，帮我完成各个建造项目。感谢尼古拉 (Nicola)、波莉 (Polly)、简 (Jane)和芭布斯 (Babs)，你们都为这场聚会带来了一些东西，非常感谢。最后，我要感谢弗罗斯特夫人和孩子们，艾比-杰德 (Abbie-Jade)、芭布斯、雅各布 (Jacob)、安布尔-莉莉 (Amber-Lily)和奥克利 (Oakley)(希望你们喜欢书里的图片)，深深地爱你们。如果我遗漏了任何人，请原谅我。最后，感谢所有读到这本书的人和你们一如既往的支持。

来自出版方

DK出版社感谢亚当团队每一位成员为制作这本书提供的幕后帮助，包括尼古拉·奥克利、简·亚当和波莉·希德玛芝 (Polly Hindmarch)。还要感谢负责摄影的詹森·英格拉姆和萨拉·卡特尔、进行图片搜索的萨拉·霍珀 (Sarah Hopper)、做修版工作的史蒂夫·克罗泽 (Steve Crozier)、审阅文本的西蒙·莫恩 (Simon Maughan)，提供编辑协助的奥利奥卢·格里洛 (Oreolu Grillo)、波比·布莱基斯顿·休斯顿 (Poppy Blakiston Houston)和露西·菲尔波特 (Lucy Philpott)，提供设计协助的萨拉·罗宾 (Sara Robin)和索菲·斯泰特 (Sophie State)，以及编制索引的瓦内萨·伯德 (Vanessa Bird)。

图书在版编目（CIP）数据

DK园艺设计全书：家居户外空间设计方案 /（英）亚当·弗罗斯特（Adam Frost）著；王晨译．—武汉：华中科技大学出版社，2020.9（2021.4重印）
ISBN 978-7-5680-5776-9

Ⅰ．①D…　Ⅱ．①亚…　②王…　Ⅲ．①园林设计　Ⅳ．①TU986.2

中国版本图书馆CIP数据核字（2020）第126298号

Original Title: RHS How to Create your Garden
Copyright © 2019 Dorling Kindersley Limited
Text copyright © 2019 Adam Frost
A Penguin Random House Company

简体中文版由Dorling Kindersley Limited授权华中科技大学出版社有限责任公司在中华人民共和国境内（但不含香港、澳门和台湾地区）出版、发行。

湖北省版权局著作权合同登记 图字：17-2020-110号

DK园艺设计全书：家居户外空间设计方案

DK Yuanyi Sheji Quanshu Jiaju Huwai Kongjian Sheji Fang'an

[英] 亚当·弗罗斯特 著　王晨 译

出版发行：华中科技大学出版社（中国·武汉）
电话：(027) 81321913
北京有书至美文化传媒有限公司
电话：(010) 67326910-6023
出版人：阮海洪

责任编辑：莽　昱　李　鑫
责任监印：徐　露　郑红红　封面设计：邱　宏

制　作：北京博逸文化传播有限公司
印　刷：当纳利（广东）印务有限公司
开　本：787mm×1092mm　1/16
印　张：16
字　数：60千字
版　次：2021年4月第1版第2次印刷
定　价：138.00元

本书若有印装质量问题，请向出版社营销中心调换
全国免费服务热线：400-6679-118　竭诚为您服务
版权所有　侵权必究

混合产品
源自负责任的
森林资源的纸张
FSC® C018179

For the curious
www.dk.com

"致我的父亲，这本书是献给你的，我一直在努力！"

关于作者

———————

　　亚当·弗罗斯特（Adam Frost）是一位屡获殊荣的园艺设计师，曾经获得七枚皇家园艺学会（RHS）切尔西花展金质奖章。他是BBC《园艺世界》(Gardeners' World) 栏目以及皇家园艺学会花展BBC报道的主持人。

　　十六岁时，他在北德文郡公园管理局以园艺学徒的身份开始了园艺职业生涯。后来他搬回伦敦接受成为景观园艺师的培训，然后在已故园艺大师杰奥·汉密尔顿（Geo Hamilton）那里得到一份工作。与杰奥一起工作期间，他受训成为一名景观设计师，然后在1996年成立了自己的花园造景事业，并在全球各地开展设计花园的业务。

　　2017年，他在家乡林肯郡成立了亚当·弗罗斯特园艺学校（The Adam Frost Garden School），为园艺爱好者举办非正式的研讨会。

　　亚当还是皇家园艺学会大使，肩负着一项使命：激励我们的下一代园丁，以及提升园艺事业的社会知名度。

　　亚当和他的妻子苏利纳（Sulina）以及他们的四个孩子生活在林肯郡一座风景如画的村庄，陪伴他们的还有一匹大马、两匹小马、两条狗和一只长寿的老猫！他家占地约2公顷的花园常常以施工状态现身在《园艺世界》上。